人生句典

青少年必读的人生指南

张铁成◎编著

新世界出版社
NEW WORLD PRESS

序

中国文化源远流长，古代智慧博大精深。然而，古代典籍浩如烟海，先哲古训汗漫无涯。那么，青少年如何从古代典籍中汲取先哲深刻的人生智慧呢？最简便的方法无疑是阅读经过精心整理的古训语录。

为此，我们从四书五经、诸子史籍和多种闲情杂著中选取对青少年成长极有教益的先哲古训予以分类介绍。既有经传原文，以保留古训原貌；又有今译句解，以不失通俗晓畅。

也许有人会问：“古代的言论有那么深刻吗？”我们说：“很深刻。”比如：

乐天知命，故不忧。《周易·系辞上》

君子上交不谄，下交不渎。《周易·系辞下》

既明且哲，以保其身。《诗经·大雅·烝民》

战战兢兢，如临深渊，如履薄冰。《诗经·小雅·小旻》

……

本书编者阅读古代先哲典籍时，常常陷入深思之中，或为先哲之睿智而折服，或被古训之深刻所震撼，至于古代文辞之华美，犹如甘泉缓缓流入心田，令人不忍释卷。

本书从修身、识人、品德、伦理、言行、处世、交友、人生、学习和励志等十个方面对古代先哲的精辟论述予以分类介绍，希望青少年朋友能够从中获得人生的启迪，并通过阅读本书提高道德修养和处世能力。

当今时代，出版物众多，但其质量和思想水平良莠不齐，而“诡计”、“阴谋”、“潜规则”之类书籍又严重污染着青少年的眼球，戕害着青少年的心灵。因此，让青少年甚至成年人从正面接受传统文化教育就显得迫在眉睫。

毫无疑问，对古代文化遗产应抱着客观、理性、批判的态度，去粗取精，去伪存真，剔除糟粕，吸取精华。

本书所选择的人生警句都是教导人们一心向善、一心向上的，希望读者朋友通过阅读这些流传久远的警句，提高道德品质，为和谐社会做出自己应有的贡献。

CONTENTS 目录

人的一生无不处于两种境地之中:或顺畅发达,或穷厄困窘。无论处于何种境地都能“出污泥而不染”,就必须不断地反省自身,以永远保持百折不挠的意志和清旷高远的襟怀。所谓修身就是通过自我反思渐渐趋于明晰的自我认识,最终达到自尊、自重、自爱、自觉、自持、自守的境界,从而践行“达则兼善天下,穷则独善其身”的处事原则。

***

《易经》6 例、《诗经》2 例、《尚书》4 例、《左氏春秋》2 例、《礼记》4 例、《管子》2 例、《晏子春秋》1 例、《墨子》1 例、《尸子》1 例、《论语》10 例、《孟子》10 例、《列子》1 例、《荀子》6 例、《韩非子》1 例、《吕氏春秋》3 例、《淮南子》8 例、《法言》1 例、《新语》1 例、《论衡》3 例、《盐铁论》1 例、《申鉴》2 例、《战国策》1 例、《说苑》5 例、《抱朴子》11 例、《三国志》7 例、《晋书》7 例、《宋书》1 例、《南齐书》1 例、《北齐书》1 例、《南史》1 例、《旧唐书》1 例、《宋史》1 例、《资治通鉴》2 例、《二程集》1 例、《陈确集》1 例、《西岩赘语》3 例、《宋元学案》2 例、《明儒学案》2 例、闲情杂着:53 例、其他 73 例。

一 识人智慧 / 33

世事纷纭,人情复杂。有的人襟怀坦白,清澈如水;有的人阴险狡诈,深不可测。然而,或为自我保护,或为谋取私利,许多人都戴有不同的面具。为使自己在漫长的人生之路中广结良师益友,避免所交非人,就要掌握必要的识人方法和智慧。唯其如此,才能世事洞明,人情练达。

***

《易经》6 例、《诗经》3 例、《尚书》6 例、《左氏春秋》5 例、《国语》5 例、《大戴礼记》2 例、《礼记》1 例、《墨子》2 例、《文子》3 例、《鹖冠子》1 例、《鬼谷子》1 例、《论语》5 例、《孟子》2 例、《荀子》13 例、《韩非子》4 例、《淮南子》15 例、《韩诗外传》1 例、《法言》2 例、《论衡》1 例、《潜夫论》4 例、《盐铁论》3 例、《战国策》1 例、《文中子》1 例、《史记》3 例、《后汉书》2 例、《陈书》3 例、《魏书》2 例、《旧唐书》2 例、《元史》2 例、《资治通鉴》11 例、闲情杂着:20 例、其他 31 例。

二 品德智慧 / 52

高尚的品德是人生宝贵的财富。心灵纯净、心地善良、心胸广阔的人必然处处受到人们的欢迎和尊重。品德高尚、为人正直的人往往具有坚韧不拔的意志和豁达开朗的性格,他们不会在挫折中却步,不会在失败中沉沦。无数事实证明,品德高尚的人,不但能够获得友谊和信任,而且能够获得人们无私的帮助,他们不会孤独。

***

《易经》3 例、《诗经》1 例、《尚书》7 例、《逸周书》1 例、《左氏春秋》5 例、《国语》3 例、《大戴礼记》5 例、《礼记》10 例、《邓析子》1 例、《文子》12 例、《慎子》1 例、《尸子》7 例、《鬼谷子》1 例、《论语》15 例、《孟子》2 例、《荀子》9 例、《韩非子》2 例、《吕氏春秋》5 例、《淮南子》13 例、《韩诗外传》7 例、《论衡》5 例、《潜夫论》7 例、《盐铁论》5 例、《战国策》3 例、

《新序》1例、《抱朴子》2例、《文中子》5例、《汉书》2例、《三国志》3例、《南史》2例、《金史》2例、闲情杂着:31例、其他30例。

四 伦理智慧 / 77

伦理既人伦规范。每个人在日常生活中,都必须遵守被社会普遍认可的伦理准则。遵守伦理准则,负起自己的责任,就能使行为符合规范,就能心安理得地享受快乐。一旦违背伦理准则,就会为自己招来不幸和痛苦。至于那些肆意践踏伦理准则的败类,与禽兽无异,等待他们的必然是万劫不复的深渊。

***

《易经》3例、《诗经》2例、《尚书》2例、《左氏春秋》11例、《国语》1例、《礼记》6例、《管子》1例、《关尹子》1例、《文子》5例、《尸子》7例、《论语》3例、《孟子》1例、《庄子》5例、《荀子》5例、《韩非子》5例、《吕氏春秋》5例、《淮南子》8例、《论衡》3例、《潜夫论》1例、《盐铁论》1例、《战国策》1例、《抱朴子》6例、《文中子》12例、《史记》3例、《三国志》2例、《隋书》2例、《资治通鉴》1例、《二程集》1例、闲情杂着:28例、其他3例。

五 言行智慧 / 95

言语表达思想,思想指导行动。言行一致,表里如一,真诚坦荡,品行高洁,是君子;言行不一,表里相悖,虚伪狭隘,行为龌龊,是小人。但是,一方面,在社会生活中,小人极善伪饰,所以,判断一个人是君子还是小人的正确方法是“听其言,观其行”;另一方面,言多必失,因此,即便是品行高尚的君子,保持必要的小心,谨言慎行,也是一种智慧。

***

《易经》4例、《诗经》4例、《左氏春秋》7例、《大戴礼记》2例、《礼记》3例、《邓析子》1例、《文子》8例、《尸子》8例、《鬼谷子》3例、《论语》7例、《荀子》6例、《韩非子》7例、《吕氏春秋》4例、《淮南子》4例、

《韩诗外传》1例、《论衡》2例、《潜夫论》1例、《盐铁论》1例、《抱朴子》1例、《文中子》5例、《隋书》2例、《旧五代史》1例、《晋书》2例、《周书》1例、《宋史》2例、《二程集》1例、闲情杂着:24例、其他8例。

六 处世智慧 / 111

任何人置身于社会之中,都必须拥有一定的判断和行事能力,这就是处世智慧。难以想象一个不懂礼节,没有接人待物技巧,只顾自己快乐不顾他人感受的人能够在工作和生活中如鱼得水,左右逢源。因此,学会尊重和赞美他人,学会接受他人的批评,学会识别奉承和伪善等等,都是十分重要的处世智慧。

***

《易经》12例、《诗经》6例、《尚书》4例、《逸周书》3例、《左氏春秋》10例、《国语》3例、《大戴礼记》5例、《礼记》11例、《晏子春秋》3例、《文子》5例、《鹖冠子》4例、《鬼谷子》7例、《论语》5例、《孟子》8例、《庄子》1例、《荀子》5例、《韩非子》5例、《吕氏春秋》6例、《淮南子》10例、《法言》4例、《韩诗外传》4例、《论衡》2例、《新论》1例、《潜夫论》1例、《盐铁论》2例、《战国策》6例、《说苑》1例、《新序》1例、《抱朴子》5例、《文心雕龙》3例、《文中子》7例、《群书治要》2例、《贞观政要》4例、《资治通鉴》9例、《二程集》3例、《西岩赘语》3例、闲情杂着:81例、其他76例。

七 交友智慧 / 152

人生最大的痛苦莫过于孤独与寂寞。在挫折之中,在失败之后,在困惑和迷茫之时,来自朋友的一句鼓励和安慰会像春风一样温暖受伤的心。而在成功之后与朋友分享胜利的喜悦,则是人生的巅峰体验。人生得一知己足矣。但是,怎样才能得到知己,交友的原则和方法是什么?请体会先哲的教诲。

———————✻✻✻———————

《大戴礼记》6 例、《礼记》8 例、《左氏春秋》2 例、《管子》2 例、《商君书》2 例、《慎子》1 例、《尸子》2 例、《文子》9 例、《鬼谷子》8 例、《论语》5 例、《庄子》6 例、《荀子》2 例、《韩非子》4 例、《吕氏春秋》3 例、《淮南子》15 例、《韩诗外传》2 例、《论衡》4 例、《潜夫论》4 例、《盐铁论》1 例、《战国策》1 例、《说苑》1 例、《抱朴子》2 例、《文中子》5 例、《南齐书》2 例、《宋史》2 例、《辽史》1 例、《资治通鉴》3 例、《西岩赘语》3 例、《宋元学案》1 例、闲情杂着:32 例、其他 35 例。

八 人生智慧 / 175

人生是一个漫长的过程,有痛苦,有挣扎,有胜利,有狂欢。只要踏上生活的旅途,就会面临各种各样意想不到的境地。应该怎样避免逆境?应该怎样面对未来?这就需要智慧,需要思考。在人生智慧方面,古代先贤为我们提供了无比丰富的精神食粮。可以说,四书五经、诸子百家和浩瀚史籍等等,是我们取之不尽的丰饶宝藏。

———————✻✻✻———————

《尚书》4 例、《逸周书》5 例、《左氏春秋》5 例、《国语》3 例、《大戴礼记》2 例、《礼记》2 例、《管子》12 例、《晏子春秋》1 例、《文子》4 例、《鹖冠子》7 例、《列子》3 例、《孟子》3 例、《荀子》8 例、《吕氏春秋》6 例、《淮南子》5 例、《法言》3 例、《论衡》4 例、《潜夫论》1 例、《盐铁论》1 例、《战国策》7 例、《说苑》8 例、《新序》1 例、《抱朴子》16 例、《世说新语》2 例、《文心雕龙》4 例、《文中子》8 例、《贞观政要》2 例、《资治通鉴》4 例、《默觚》3 例、闲情杂着:62 例、其他 27 例。

九 学习智慧 / 207

认真学习、勤于思考、努力实践,才能使人生获得成功。学习,只有学习,才能使人充满力量,才能使前途灿烂辉煌。学习若想获得成效,必须掌握必要的方法,而且要日积月累,勤学不倦,坚持不懈。古人关于学习的论述，如学与思、约与博，举一反三等等，至今仍然令人深思！

***

《易经》10例、《尚书》5例、《左氏春秋》7例、《国语》4例、《大戴礼记》3例、《礼记》15例、《晏子春秋》2例、《墨子》3例、《文子》5例、《鹖冠子》2例、《鬼谷子》7例、《论语》12例、《孟子》4例、《庄子》4例、《荀子》5例、《吕氏春秋》4例、《淮南子》1例、《法言》7例、《中论》3例、《抱朴子》1例、《刘子》3例、《颜氏家训》3例、《后汉书》1例、《宋书》2例、《旧唐书》2例、《宋史》2、《金史》2例、《二程集》5例、《学归类编》3例、《陆九渊集》3、《张载集》3例、《陈确集》2例、《存学编》3例、其他3例。

十 励志智慧 / 225

人生最高贵的品质就是坚韧不拔，百折不回。在逆境中积蓄力量，以待一搏；在失败后擦干泪水，继续前行！只要不沮丧、不气馁、不认输，只要不屈不挠、意志坚定地与命运进行坚决的抗争，这本身就是成功！贫贱不能移，威武不能屈，这就是英雄豪杰！志向确立之后，立即采取行动。

***

《易经》18例、《诗经》2例、《尚书》3例、《国语》2例、《大戴礼记》1例、《礼记》2例、《管子》3例、《晏子春秋》1例、《鬼谷子》1例、《论语》14例、《孟子》6例、《荀子》14例、《吕氏春秋》2例、《淮南子》1例、《法言》2例、《说苑》6例、《汉书》1例、《后汉书》7例、《三国志》2例、《陆九渊集》2例、《宋论》4例、闲情杂着:7例、其他20例。

一 修身智慧

人的一生无不处于两种境地之中：或顺畅发达，或穷厄困窘。无论处于何种境地都能“出污泥而不染”，就必须不断地反省自身，以永远保持百折不挠的意志和清旷高远的襟怀。所谓修身就是通过自我反思渐渐趋于明晰的自我认识，最终达到自尊、自重、自爱、自觉、自持、自守的境界，从而践行“达则兼善天下，穷则独善其身”的处事原则。

原文：神而明之，存乎其人；默而成之，不言而信，存乎德行。（《易经·系辞上》）

句解：能使事理神奇而彰显的是人的智慧；能默然潜修而有所成就的，不用语言表达就能受到信赖是人高尚的德行。

原文：见险而能止，智矣哉。（《易经·蹇·象》）

句解：看见危险而能停止，真是明智啊！

原文：君子以惩忿窒欲。（《易经·损·象》）

句解：君子抑制愤怒，堵塞私欲。

原文：君子以俭德辟难，不可荣以禄。（《易经·否·象》）

句解：君子以勤俭为德，从而避开危难，绝不可贪求荣华爵禄。

原文：谦谦君子，卑以自牧也。（《易经·谦·象》）

句解：谦卑的君子，以卑恭的态度来培养自己的品德。

原文：君子以向晦人宴息。（《易经·随·象》）

句解：品德高尚的人遵循作息规律，傍晚时分就入室休息。

原文：黾勉从事，不敢告劳。（《诗经·小雅·十月之交》）

句解：勤奋努力从事劳作，不敢自己诉说辛劳。

原文：凡百君子，各敬尔身。（《诗经·小雅·雨无正》）

句解：天下众多君子，你们各自要谨慎行事。

原文：慎厥身，修思永。（《尚书·皋陶谟》）

句解：行为举止要谨慎小心，修身养性应该考虑长久不懈。

原文：节性，惟日其迈。（《尚书·召诰》）

句解：节制性情，使品德逐日增进。

原文：君子所其无逸，先知稼穑之艰难，乃逸，则知小人之依。（《尚书·无逸》）

句解：君子若想不贪图安逸，首先必须知道耕种收获的艰难，然后才能安逸，这时就知道百姓的辛苦了。

原文：邦之杌陧，曰由一人；邦之荣怀，亦尚一人之庆。（《尚书·秦誓》）

句解：国家形势危急，是由于一个人所造成的；国家繁荣安定，也是由于一个人的善良。

原文：华而不实，怨之所聚也；犯而聚怨，不可以定身。（春秋·左丘明《左氏春秋·文公五年》）

句解：华而不实会积聚怨恨，如果触犯别人的利益而积聚怨恨，就不能使自己安身立命。

原文：以私害公，非忠也。（春秋·左丘明《左氏春秋·文公六年》）

句解：以私心损害公利是不忠诚的。

原文：执虚如执盈，入虚室如有人。（《礼记·少仪》）

句解：手持空器具仿佛手持装满东西的器具一样谨慎，进入空房间仿佛进入有人的房间一样恭敬。

原文：福者，备也，备者，百顺之名也。无所不顺者谓之备，言内备于己，而外顺于道也。（《礼记·祭统》）

句解：所谓幸福，指的是完备，完备是百事顺利的一种称谓。凡事无所不顺就称之为完备，指的是自己内心中一切完备，处理事情时符合行事规范。

原文：清明在躬，气志如神，嗜欲将至，有开必先，天降时雨，山川出云。（《礼记·孔子闲居》）

句解：清明的品行在自身之中，意气和志向如同神明，远大的志向即将实现时，天神首先为之开道，上天会降下及时雨，山川会生出云彩。

原文：君子内省不疚，无恶于志，君子所不可及者，其唯人之所不见乎！（《礼记·中庸》）

句解：君子自我反省，没有内疚之感，扪心无愧，一般人无法与君子相比的，大概是在人们所不能看到之处严格要求自己吧！

原文：道德当身，故不以物惑。（春秋·管仲《管子·戒》）

句解：如果心中拥有高尚的道德，就不会被外界的物欲所诱惑。

原文：身不善之患，毋患人莫己知。（春秋·管仲《管子·小称》）

句解：只担心自身没有高尚的品行，而不必忧虑别人不了解自己。

原文：昔者上帝以人之殁为善，仁者息焉，不仁者伏焉。（春秋·晏婴《晏子春秋·谏上》）

句解：过去远古的君王把人的死亡看成好事，仁义的人得以安息，凶残的人得以铲除。

原文：万事莫贵于义。（战国·墨翟《墨子·贵义》）

句解：世间最可贵的事情就是正义。

原文：爱得分曰仁，施得分曰义，虑得分曰智，动得分曰适，言得分曰信，皆得其分，而后为成人。（战国·尸佼《尸子·分》）

句解：爱符合名分就叫仁德，施予符合名分就叫道义，思虑符合名分就叫智慧，行为符合名分就叫恰当，言语符合名分就叫诚信，所有这些都符合名分，就能成为品德高尚的人。

原文：多闻阙疑，慎言其余，则寡尤；多见阙殆，慎行其余，则寡悔。（《论语·为政》）

句解：广泛听取，有疑问的地方就保留，谨慎地说出困惑的地方，这样就可以少犯错误；广泛地观察，有危险的事不去做，谨慎地做那些不危险的事，这样就可以减少悔恨了。

原文：敬事以信，节用而爱人，使民以时。（《论语·学而》）

句解：认真工作而且守信用，做事节俭而且爱护人民，治理民众而且顺应农时。

原文：博学而笃志，切问而近思。（《论语·子张》）

句解：广泛学习而且意志坚定，恳于虚心向别人请教，并且勤于思考。

原文：奢则不逊，俭则固，与其不逊也宁固。（《论语·述而》）

句解：奢侈的人不会谦逊，俭朴的人显得固执，与其骄傲自满，宁肯显得固执。

原文：人而无信，不知其可也。大车无輗，小车无軏，其何以行之哉！（《论语·为政》）

句解：一个人如果没有诚信，不知道那怎么可以。就好像大车没有輗，小车没有軏，它该怎么行走呢！

原文：见义不为，无勇也。（《论语·为政》）

句解：看见合乎道义的事而不去做，是没有勇气的表现。

原文：君子博学于文，约之以礼，亦可以弗畔矣夫！（《论语·雍也》）

句解：君子广泛地学习古代文献，再用礼仪约束自己，也就能够不离经叛道了！

原文：奢则不逊，俭则固。与其不逊，宁固。（《论语·述而》）

句解：奢侈就显出不谦逊，节俭就显出鄙陋。与其不谦逊，宁肯鄙陋。

原文：吾未见能见其过，而内自讼者也。（《论语·公冶长》）

句解：我没有看见过能够发现自己的错误，而在内心进行自我检讨的人。

原文：质胜文则野，文胜质则史。文质彬彬，然后君子。（《论语·雍也》）

句解：质朴超过文采，就显得粗野，文采超过质朴，就显得浮泛，文采与质朴相互融合，才是真正的君子。

原文：古之君子，过则改之；今之君子，过则顺之。古之君子，其过也如日月之食，民皆见之，及其更也，民皆仰之。今之君子，岂徒顺之，又从为之辞。（战国·孟轲《孟子·公孙丑下》）

句解：古代的君子，有了错误就改正；现在的所谓君子，有了错误却将错就错。古代的君子，他的错误如同日食月食，百姓都看到了等到他改正时，民众都仰望着他。现在的所谓君子，岂止是将错就错，还会编造出一番大道理来进行掩饰。

原文：不耻不若人，何若人有？（战国·孟轲《孟子·尽心上》）

句解：不以不如他人为耻，怎么能赶上别人呢？

原文：君子莫大乎与人为善。（战国·孟轲《孟子·公孙丑上》）

句解：品德高尚的人以与人为善为最高的品行。

原文：人之有德慧术知者，恒存乎疢疾。独孤臣孽子，其操心也危，其虑患也深，故达。（战国·孟轲《孟子·尽心上》）

句解：人之具有道德、智慧、本领和知识，是因为他时刻怀有忧患之心。只有被疏远的臣子和非嫡妻所生之子心中忧虑深重，思虑祸患深远，所以通达事理。

原文：君子有三乐，而王天下不与存焉。父母俱存，兄弟无故，一乐也；仰不愧于天，俯不怍于人，二乐也；得天下英才而教育之，三乐也。（战国·孟轲《孟子·尽心上》）

句解：君子有三种乐趣，统治天下不在其中。父母均健在，兄弟无灾祸，这是第一种乐趣；抬头对天没有惭愧，低头对人无所亏心，这是第二种乐趣；得到天下杰出的人而教育他们，这是第三种乐趣。

原文：求则得之，舍则失之，是求有益于得也，求在我者也；求之有道，得之有命，是求无益于得也，求在外者也。（战国·孟轲《孟子·尽心上》）

句解：追求就能得到，放弃就会失去，这说明追求有益于得到仁义，这是由于追求的是内在的东西；任何追求都有正道可循，得到它却要听从天命，这说明追求不一定就能得到，这是由于追求的是外在的东西。

原文：人不可以无耻，无耻之耻，无耻矣。（战国·孟轲《孟子·尽心上》）

句解：人不能没有羞耻之心，人的行为无耻而尚有羞耻之心，就会避免耻辱。

原文：不耻不若人，何若人有？（战国·孟轲《孟子·尽心上》）

句解：不如别人却不以为耻，怎么能赶得上别人？

原文：古之人，得志，泽加于民；不得志，修身见于世。穷则独善其身，达则兼善天下。（战国·孟轲《孟子·尽心上》）

句解：古代的人取得成功时，恩泽施加于百姓；郁郁寡欢时，修身养性而见于世间，处于困境时独自修身养性，事业发达时兼善天下之人。

原文：养心莫善于寡欲。其为人也寡欲，虽有不存焉者寡矣；其为人也多欲，虽有存焉者寡矣。（战国·孟轲《孟子·尽心下》）

句解：修身养性的办法没有比减少欲望更好的了，一个人为人处世清心寡欲，即使善心有所丧失也是不多的；一个人处世贪得无厌，即使善心有所保存也是不多的。

原文：务外游不知务内观，外游者求备于物，内观者取足于身。（春秋·列御寇《列子·仲尼》）

句解：专心游览外物而不知专心观察自身，游览外物的人要求事物完备，而观察自身的人，取足于自身的完备。

原文：君子耻不修，不耻见污；耻不信，不耻不见信；耻不能，不耻不见用。（战国·荀况《荀子·非十二子》）

句解：君子以没有修养为耻辱，不以被侮辱为耻辱；以不诚实为耻辱，不以别人不相信为耻辱；以无才无能为耻辱，不以不被别人任用为耻辱。

原文：君子之行仁也无厌。（战国·荀况《荀子·非相》）

句解：品德高尚的人施行高尚的仁德，从来不会感到厌倦。

原文：顺其类者谓之福。（战国·荀况《荀子·天论》）

句解：顺应自然规律就叫作福。

原文：君子敬其在己者，而不慕其在天者，是以日进也。（战国·荀况《荀子·天论》）

句解：品德高尚的人重视自己的行为，而不羡慕上天，所以每天都能取得进步。

原文：不诱于誉，不恐于诽，率道而行，端然正己，不为物倾侧，夫是之谓诚君子。（战国·荀况《荀子·非十二子》）

句解：不被名誉所诱惑，不为诽谤而恐惧，遵循正道行事，端正自己的行为，不因外物而动摇心智，这样就可以说是真正的君子。

原文：君子行不贵苟难，说不贵苟察，名不贵苟，唯其当之为贵。（战国·荀况《荀子·不苟》）

句解：君子做事不以难办为可贵，说话不以明晰为可贵，名声不以广传为可贵，只要它们恰如其分就是可贵的。

原文：刺骨，故小痛在体，而长利在身；拂耳，故小逆在心，而久福在国。（战国·韩非《韩非子·安危》）

句解：用针刺骨医疗，尽管身体会感到轻微疼痛，但却能使疾病痊愈；那些忠言听起来虽然不舒服，但可以长期造福于国家。

原文：贵富而不知道，适足以为患，不如贫贱。贫贱之致物也难，虽欲过之，奚由？（秦·吕不韦《吕氏春秋·孟春纪·本生》）

句解：高贵富足而不知养生之道，恰恰足以导致祸患，反而不如贫穷卑贱。贫穷卑贱，而谋求获取财物是很困难的，虽然希望拥有奢侈的物质享受，哪有途径呢？

原文：凡生之长也，顺之也。使生不顺者欲也，故圣人必先适欲。

（秦·吕不韦《吕氏春秋·孟春纪·重己》）

句解：凡是长寿的人，都是由于顺应了生命的规律，使生命不能顺应规律的是内心的欲望，因此圣人必须首先抑制欲望。

原文：譬之若登山，登山者处已高矣，左右视尚巍巍焉山在其上。贤者之所与处，有似于此。身已贤矣，行已高矣，左右视，尚尽贤于己。（秦·吕不韦《吕氏春秋·先识览·观世》）

句解：用登山当比喻，登山的人已经到达很高的地方了，左右看看，还有巍峨的高山在上面。贤明的人与别人交往，有些与此类似。自身已经很贤明了，品行已经很高尚了，左右看看，还有很多人都比自己贤明。

原文：夫精神气志者，静而日充者，以壮；躁而日耗者，以老。是故圣人将养其神，和弱其气，平夷其形，而与道沉浮俛仰。（汉·刘安《淮南子·原道训》）

句解：精神和性情安静而能日日充实的人，身体因之而强壮，暴躁而逐日消耗的人，身体因之而衰老。因此圣人保养他的精神，柔和他的性情，平静他的身体，与道一同盛衰沉浮。

原文：惟能无以生为者，则所以修得生。（汉·刘安《淮南子·精神训》）

句解：只有那些不以外在利益为追求目标的人，才能长久地修养身心。

原文：得万人之兵，不如闻一言之当。（汉·刘安《淮南子·说山训》）

句解：即使拥有千军万马，也比不上听到一句正确的话更有价值。

原文：见象牙乃知其大于牛，见虎尾乃知其大于狸。（汉·刘安《淮南子·说林训》）

句解：看到象牙就能知道象比牛大，看到虎尾就能知道老虎比狐狸大。

原文：兰生幽谷，不为莫服而不芳；舟在江海，不为莫乘而不浮；君子行义，不为莫知而止休。（汉·刘安《淮南子·说山训》）

句解：兰花生长在幽谷中，不因为没人佩戴而香气四溢；航船处于江海之中，不因为无人乘坐而不漂浮；君子践行道义，不因为无人知晓而停止。

原文：谓学不暇者，虽暇亦不能学矣。（汉·刘安《淮南子·说山训》）

句解：说没有空闲时间学习的人，即使有了空闲时间也不会好好学习。

原文：今以为学者之有过而非学者，则是以一饱之故，绝谷不食，以一蹟之难，辍足不行，惑也。（汉·刘安《淮南子·修务训》）

句解：如今的人认为求学的人有过错就指责他们，就仿佛因一次吃多了，便不吃不喝，因一次摔跤，便停下脚步不走路，真是太糊涂了。

原文：治身，太上养神，其次养形。（汉·刘安《淮南子·泰族训》）

句解：修养身心，最上等的是保养精神，其次是保养身体。

原文：君子之道有四：易简而易用也，要而易守也，炳而易见也，法而易言也。（汉·扬雄《法言·吾子》）

句解：君子修身的方法有四个：简单明了而容易施行，简明扼要而容易持守，明了清晰而容易识见，有法可依而容易言谈。

原文：垂大名于万世者，必先行之于细微之事。（汉·陆贾《新语·慎微》）

句解：能使美名流传千古的人，都是从细微的行为上开始的。

原文：外内表里，自相副称，意奋而笔纵，故文见而实露也。（汉·王充《论衡·超奇》）

句解：内在修养与外在的表现形式吻合，才能意气奋发、文笔奔放，因此文采飞扬而思想实质尽情表露。

原文：人，物也；物，亦物也。虽贵为王侯，性不异于物。（王充《论衡·道虚》）

句解：人是物，物也是物。尽管具拥有王侯的尊贵地位，本性与物并没有任何差异。

原文：得官不欣，失位不恨。（汉·王充《论衡·自纪》）

句解：得到高位而不欣喜，失去官职而不悔恨。

原文：君子善善而恶恶。（西汉·桓宽《盐铁论·后刑》）

句解：品德高尚的人赞美善行，而憎恶丑恶的行为。

原文：爱民如身。（汉·荀悦《申鉴·杂言上》）

句解：热爱民众就像热爱自己一样。

原文：不闻大论，则志不宏；不听至言，则心不固。（汉·荀悦《申鉴·杂言》）

句解：不知道宏大的道理，志向就不会高远；不听取最正确的教诲，意志就不会坚定。

原文：晚食以当肉，安步以当车。（汉·刘向《战国策·齐策》）

人生指南：《说文》：“安，静也。”

句解：感到饥饿之后再进膳，味道更美，悠闲的行走如同坐车。

原文：聪明睿智而守以愚者益，博闻多记而守以浅者广。（汉·刘向《说苑·敬慎》）

句解：聪明而有智慧，却处处显示出几分愚笨的人，必定能获得更大的利益，博学多识，却处处显示出几分浅薄的人，必定知识广博。

原文：存不忘亡，是以身安而国家可保也。（汉·刘向《说苑·指武》）

句解：国家安定时不可忘掉亡国的危机，因此才能自身生命安全，而国家也能长期安全。

原文：砥砺琢磨非金也，而可以利金；诗书壁立，非我也，而可以厉心。（汉·刘向《说苑·建本》）

句解：磨刀石本身并非金属，却能把金属磨得锋利，尽管诗书很多，但诗书并不是我自已，却可以磨砺我的意志。

原文：为禄仕者，不能成政。（汉·刘向《说苑·卷一》）

句解：仅仅为俸禄而当官人，不能成为官员。

原文：善为国者，爱民如父母之爱子，兄之爱弟。（汉·刘向《说

苑·政理》）

句解：善于治理国家的人，爱护人民仿佛父母爱护儿女，哥哥爱护弟弟。

原文：播种有不收者矣，而稼穑不可废。（晋·葛洪《抱朴子·外篇·广譬》）

句解：尽管有时播种会没有收成，但不能因此就不耕种了。

比喻人不能因为一时的失败或挫折，就丧失信心而却步后退。

原文：不饱食以终日，不弃功于寸阴。（晋·葛洪《抱朴子·外篇·勖学》）

句解：不能饱食终日无所作为，不能浪费一分一秒的时间。

原文：不惰者，众善之师也。（晋·葛洪《抱朴子·外篇·广譬》）

句解：不懒惰的习惯是各种长处的老师。

原文：登山不以艰险而止则必臻乎峻岭矣。（晋·葛洪《抱朴子·外篇·广譬》）

句解：登山时不因遇到艰险而停步，就一定能攀登上险峻的高峰。

原文：邓林千里，不能无偏枯之木。（晋·葛洪《抱朴子·外篇·博喻》）

句解：在广袤的森林里，不可能没有枯死的树。比喻人不可求全责备。

原文：外物弃智，涤荡机变，忘富逸贵，杜遏劝沮，不恤乎穷，不荣乎达，不戚乎悲，不悦乎誉，道家之业也。（晋·葛洪《抱朴子·内篇·明本》）

句解：抛弃外物，放弃智谋，扫除机巧变易，忘却安逸和富贵，遏制鼓动和劝阻，不因贫穷而忧虑，不与升达为荣耀，不因诽谤而悲戚，不因赞誉而愉快，这是道家的态度。

原文：长生之道，道之至也，故古人重之也。（晋·葛洪《抱朴子·内篇·黄白》）

句解：长生高寿之道，是道的极致，因此古人非常重视它。

原文：道家之所至秘而重者，莫过乎长生之方也。（晋·葛洪《抱朴子·内篇·勤求》）

句解：道家最为隐秘、最为重视的莫过于追求长生的方法了。

原文：长才者兼而修之，何难之有？内宝养生之道，外则和光于世，治身而身长修，治国而国太平。（晋·葛洪《抱朴子·内篇·释滞》）

句解：拥有才能的人可以兼顾内心的修为和行动，对他们来说这有什么困难呢？对内珍惜养生之道，对外隐藏自己的能力，这样修身则能够获得长久的修养，这样治国能够使天下太平。

原文：不以外物汩其至精，不以利害污其纯粹也。（晋·葛洪《抱朴子·内篇·畅玄》）

句解：不被外物扰乱宁静的心神，不被利害玷污纯粹的本性。

原文：是以至人消未起之患，治未病之疾，医之于无事之前，不追之于既逝之后。（晋·葛洪《抱朴子·内篇·地真》）

句解：本真的人，消除还未发生的祸患，治疗还未发展成重病的小病，在生命没有危险之前进行治疗，而不在生命死亡之后，才去追悔。

原文：谚曰：救寒莫如重裘，止谤莫如自修。（晋·陈寿《三国志·魏书·王昶传》）

句解：谚语说：抵御寒冷没有比穿厚重的裘衣更好的了，止息他人的诽谤没有比提高自身修养更好的了。

原文：内省不疚，虽遭凶乱，何忧何惧？（晋·陈寿《三国志·蜀书·秦宓传》）

句解：扪心自问、毫不愧疚，即使遭逢险恶之事又有什么可忧虑、可畏惧的呢？

原文：宁曳尾于涂中，秽浊世之休誉。（晋·陈寿《三国志·蜀书·郄正传》）

句解：宁肯身处泥水之中，把乱世中的赞美视为污浊之物，予以拒绝。

原文：人各有志，出处异趣。（晋·陈寿《三国志·魏志·管宁传》）

句解：个人有个人的志向，而进与退的趋向则不同。

原文：虑定则心固，疑生则心惧。（晋·陈寿《三国志·蜀书·刘封传》）

句解：思虑确定则意志坚定，心生疑惑则内心恐惧。

原文：深自砥砺。（晋·陈寿《三国志·魏书·贾诩传》）

句解：深刻地勉励和磨炼自己。

原文：勿以恶小而为之，勿以善小而不为。惟贤惟德，能服于人。（晋·陈寿《三国志·蜀书·先主传》裴松之注）

句解：不要因坏事小而去做，不要因好事小而不去做。只有贤良和大德才能使人从心中敬服。

原文：积一勺以成江河，累微尘以崇峻极，匪志匪勤，理无由济也。（唐·房玄龄《晋书·虞溥传》）

句解：一勺一勺的水不断地积累就能成为江河，一粒一粒的细土不断地积累就能形成高山，没有志向、缺少勤奋，要想干成事情是不可能的。

原文：人主所患，莫甚于不知其过。（唐·房玄龄《晋书·潘尼传》）

句解：君主的危险，没有比不知道自己的过失更严重的了。

原文：万里一契，义在不言也。（唐·房玄龄《晋书·温峤传》）

句解：即使相隔万里，只要心意相通，想说的话尽在不言之中。

原文：天高穷于无穷，地深测于不测。（唐·房玄龄《晋书·天文志上》）

句解：天之高不可穷尽，地之深不可测量。

原文：存正莫重乎无私，无私莫深乎寡欲。（唐·房玄龄《晋书·潘尼传》）

句解：心存正气，没有比无私更重要的了，做到无私没有比淡泊寡欲更重要的了。

原文：学者不患才不及，而患志不立。（唐·房玄龄《晋书·虞溥传》）

句解：有才学的人不忧虑才能不如别人，却忧虑不能确立远大的志向。

原文：君子内正其心，外修其行。（唐·房玄龄《晋书·虞溥传》）

句解：品德高尚的人对内修养身心，对外端正行为。

原文：人生危脆，必当远虑。（南朝·梁·沈约《宋书·张邵传》）

句解：人的生命非常脆弱，应当周密而长远的考虑。

原文：乐者动天地，感鬼神，正性情，立人伦，其义大矣。（南朝·梁·萧子显《南齐书·崔祖思传》）

句解：音乐可以感动天地，震撼鬼神，端正人的性情，确立社会伦理，其意义深广远大。

原文：人多不强力，贫贱则慑于饥寒，富贵则流于逸乐，遂营目前之务，而遗千载之功。（唐·李百药《北齐书·文苑传》）

句解：人大部分都没有坚定的毅力，贫贱时就恐惧饥寒，富贵时就耽于逸乐，于是他们只忙于眼前的事物，忘掉了建立长久的功业。

原文：大丈夫宁当玉碎，安可每每求活？（唐·李延寿《南史·王僧达传》）

句解：英雄豪杰宁可为正义而献身，怎么能无所作为的苟且偷生呢？

原文：为善最乐。（后晋·刘昫《旧唐书·王珪传》）

句解：行善是最令人欣慰的。

原文：小心翼翼，终日干干。（元·脱脱《宋史·陈彭年传》）

句解：做事小心谨慎，日夜奋斗不息。

原文：射幸数跌，不如审射。（北宋·司马光等《资治通鉴·魏纪》）

句解：如果多次都不能射中，不如停下来看准以后再射。

原文：大禹圣人，乃惜寸阴，至于众人，当惜分阴。（北宋·司马光等《资治通鉴·晋纪》）

句解：大禹这样的圣人都珍惜光阴，那么普通人就更应该格外珍惜时间。

原文：君子之遇艰阻，必反求诸己，而益自修。（宋·程颐、程颢

《二程集》）

句解：君子遇到困难的事，一定会反过来从自身找原因，从而提高自我修养。

原文：惟自以为聪明才智，故忠言必不可入。（明·陈确《陈确集·瞽言》）

句解：只有那些自以为是的人，无论任何有益的建议也听不进去。

原文：惟正己可以化人，惟尽己可以服人。（清·申居郧《西岩赘语》）

句解：只有自己品行端正，才能感化别人；只有自己恪尽职守，才能令人信服。

原文：为人揣摩世好，是无人品。（清·申居郧《西岩赘语》）

句解：为人处世一味迎合世俗所好，就是没有人的品格。

原文：稍知自省，便觉一己克治不尽，哪有余力责人。（清·申居郧《西岩赘语》）

句解：稍稍知道反省的人，便会觉得自我克制很不容易，哪里还有余力去苛求责备别人呢!

原文：大丈夫行事，论是非，不论利害；论顺逆不论成败；论万世，不论一生。（清·黄宗羲《宋元学案》）

句解：英雄豪杰做事只讲对或错，不讲利或害；只论顺应情理还是违背情理，不论成功或失败；只考虑万世流芳，不追求一生富贵。

原文：少有所得，则欣然以天地之美为尽在己，自以为至足，乃是自暴自弃。（清·黄宗羲《宋元学案》）

句解：稍稍有所收获，就盲目乐观，以为天下美好的事物都存于自身，并自满自足，这是自暴自弃。

原文：为学作事，忌求近功；求近功，则自画气沮，渊源莫极。（清·黄宗羲《明儒学案》）

句解：求学作事最怕急于求成，如果急于求成，就是自我限制，从而意志沮丧，导致无法探求知识的本源。

原文：少欲觉身轻。（清·黄宗羲《明儒学案》）

句解：少私寡欲就会感到一身轻松。

原文：矜名誉，畏讥毁，自好也；忘检制，肆偷惰，自弃也。自好者，中人也，可导之使为善也；自弃者，民斯为下矣，不足与有为也。（宋·何坦《西畴常言·律己》）

句解：追求名誉，害怕诋毁，是洁身自好的表现；抛弃自我制约，肆意偷懒堕落，是自暴自弃的行为。洁身自好的人，是品德中等的人，可以引导他走上正路；自暴自弃的人，是品德还要差一等的人，是不能指望他有所作为的。

原文：知学则居贫无怨，学而深于道，则安贫能乐。常人贫则怨，小人贫则乱。（宋·何坦《西畴常言·律己》）

句解：知道学习的人处于贫困之中而毫无怨言，通过学习就能深入地理解道理，从而安于贫困之中而自得其乐。普通的人一旦贫困就会牢骚满腹，而品德卑劣的人，一旦贫困就会肆意妄为。

原文：士有宽余，义当轸念穷乏，然孰能遍爱之哉？骨肉则论服属戚疏，交朋则计情义厚薄，以次及之，如力所不逮，亦勿强也。（宋·何坦《西畴常言·应世》）

句解：品德高尚的士人如果宽裕，一旦有节余，按道理就应当去帮助贫穷的人，但谁又能做到广泛施舍呢？即使是骨肉相亲，也要考虑亲疏远近，结交朋友时还要讲究情义深浅，由此考虑如果自身的力量不够雄厚，也就不要勉强为之。

原文：富贵利达，是人之所欲也。然而出处去就之异趣，君子小人之攸分。盖君子必审夫理之是非，而小人惟计乎事之利害。审是非则虞人虽贱，非招不住；计利害则苟可获禽，虽诡遇为之。（宋·何坦《西畴常言·应世》）

句解：富与贵、利与达，都是人们希望得到的。但是，人们对于出仕或隐退、离去或高就兴趣不同，而且智慧的人和愚昧的人又有所差别。这大概是由于品德高尚的人必然要分析义理的对错，而品德卑劣的人则只在乎利害得失。分析清楚了义理的对错，那么即使是山林看守者这样卑微的官职，不经国家招致，也不会去接受委任；斤斤计较于利害得失的人，尽管偶有所获，但即使是采取卑劣的手段，他们也会冒险而为之的。

原文：金玉满堂，莫之能守。富贵而骄，自遗其咎。（元·许名奎《劝忍百箴·骄之忍》）

句解：满屋满室，都是贵重的金银玉器，没有人能够守的住，富贵以后变得骄奢傲慢，就会为自己种下祸根。

原文：自古快心之事，闻之者足以戒。（元·许名奎《劝忍百箴·快之忍》）

句解：自古就有追求内心快乐的事情，听到这类事情的人，要以此为自己的警戒。

原文：不平则鸣，物之常性。达人大观，与物不竞。（元·许名奎《劝忍百箴·不平忍》）

句解：有些物质放在不平衡的状态中，就会发出声音，这是事物的一般本性。达观的人，通晓事理，目光远大，绝不会与普通人争夺利益。

原文：赏识既谬，不知天下有真龙；学力一差，徒与世人讥画虎。要之体认得力，自然下手有方。（明·吴从先《小窗自纪》）

句解：见解如果已经错误，就不知天下存在真龙；学力如果不够，只会让世人讥笑画虎不成反类犬。关键的是一定要努力实践，深刻理解，这样做事自然得心应手。

原文：侈汰出于无用，不特暴殄天物，亦且何与快事？（明·吴从先《小窗自纪》）

句解：挥霍浪费，毫无益处，不仅是残害天地万物，这怎么能让人心生快乐呢？

原文：真英雄炼性摄心，假豪杰任才使气。（明·吴从先《小窗自纪》）

句解：真正的英雄修炼心性、收敛内心，假冒的豪杰肆意妄为、意气用事。

原文：毁我之言可闻，毁我之人不必问也。使我有此事也，彼虽不言，必有言之者。我闻而改之，是又得一不受业之师也。使我无此事耶，我虽不辨，必有辨之者。若闻而怒之，是又多一不受言之过也。（明·吕坤《呻吟语·补遗》）

句解：诋毁我的话，可以认真听取，而对诋毁我的人却没有必要过问，假使我确有其事，那么即使这个人不诋毁我，别人也会说。我听到这些诋毁的话，认真思考并加以改正，就如同得到了一位未拜门的老师，假如我没做过那些坏事，即使我不予申辩，别人也会为我申辩。如果我听了诋毁的话就勃然大怒，等于又增加了一条不虚心接受批评的过失。

原文：心要实，又要虚。无物之谓虚，无妄之谓实。惟虚故实，惟实故虚。心要小，又要大。大其心能体天下之物，小其心不偾天下之事。（明·吕坤《呻吟语·补遗》）

句解：人心既要实在，又要空虚，对世间万物都不放在心上，就叫空虚，没有丝毫邪念，就叫实在。只有心中无物，虚怀若谷，才能做到诚实无欺；只有纯真实在，才能虚怀若谷。内心既要小心谨慎，又要宽广博大，只有宽广博大，才能包容万物；只有小心谨慎，才不会败坏天下之事。

原文：人之德我仇我，直至公待之。以德报怨，过矣；一饭必酬、睚眦必报，隘矣。（明·彭汝让《木几冗谈》）

句解：不管别人感激我抑或是怨恨我，都要以平和与公正的态度来对待他。如果以感恩之心报答别人对自己的怨恨，就过分了；而接受了别人的一碗饭就一定要报答、与别人发生了小小的摩擦就一定要报复，就显得心胸狭隘了。

原文：爵禄可以荣其身，而不可以荣其心；文章可以文其身，而不可以文其行。（明·彭汝让《木几冗谈》）

句解：官位和俸禄可以让人荣华富贵，却不能使人的心灵高尚纯洁；文采飞扬的文章可以使人的外表光彩，却难以掩盖人的品行。

原文：闲中不放过，忙处有受用。静中不落空，动处有受用。暗中不

欺隐，明处有受用。（明·洪应明《菜根谭·八十五》）

句解：在闲暇时，努力学习，忙起来，会受用无穷。安静时，要常常思考，行动时，会有所帮助。独处时，要自我检讨，面对众人时，就会心胸坦荡。

原文：家人有过不宜暴怒，不宜轻弃。（明·洪应明《菜根谭·九十六》）

句解：家中的人，有了过失和错误，不要暴跳如雷、大发雷霆，但也不要轻易放过。

原文：居逆境中，周身皆针砭药石，砥节励行而不觉；处顺境中，眼前尽兵刃戈矛，销膏靡骨而不知。（明·洪应明《菜根谭·九十九》）

句解：身处逆境，身边都是治疗疾病的良药，在不知不觉中磨砺了品行，提高了操守；身处顺境，眼前充满各种危险，在无形中消失了意志，腐蚀了气节。

原文：小处不渗漏，暗处不欺隐，末路不怠荒，才是个真正英雄。（明·洪应明《菜根谭·一一四》）

句解：在小节上不出错，在为人不易发现之处不欺瞒，在遭遇挫折时，不气馁、不懈怠，这才是意志坚定的人。

原文：胜私制欲之功，有曰识不早、力不易者，有曰识得破、忍不过者。盖识是一颗照魔的明珠，力是一把斩魔的慧剑，两不可少也。（明·洪应明《菜根谭·一二五》）

句解：战胜自私之心，控制贪欲之念，应该采取什么方法呢？有人说控制私心欲念，最难的是不能及早发现，所以也就难以克服；也有人说虽然能看到私欲的危害，但却缺少抵制的意志。因此，要战胜和控制私欲，意识是明珠，意志是宝剑，两者不可或缺。

原文：都来眼前事，知足者仙境，不知足者凡境；总出世上因，善用者生机，不善用者杀机。（明·洪应明《菜根谭·二四三》）

句解：面对一样的生活状态，满足的人如入仙境，不满足的人，如入凡境，面对一样的机会，善于把握的人就能获得发展，不善于把握的人，就会招致毁灭。

原文：此身常放在闲处，荣辱得失，谁能差遣我？此心常安在静中，是非利害，谁能瞒昧我？（明·洪应明《菜根谭·二六四》）

句解：人把自己置于清闲中，就不会被世间的荣辱得失所左右，人把内心置于沉静中，就不会被是非厉害所欺瞒。

原文：世人只缘认得“我”字太真，故多种种嗜好、种种烦恼。前人云：“不复知有我，安知物为贵。”又云：“知身不是我，烦恼更何侵。”真破的之言也。（明·洪应明《菜根谭·二七八》）

句解：世上的俗人，只因为把“我”看得太认真，所以产生了许多欲望和许多烦恼，古人说：“如果感觉不到我的存在，又怎么知道外物可贵，而拼命追逐呢?”古人又说：“如果知道身体并不属于自己，那么烦恼怎么会伤害我呢?”这真是一语中的之言。

原文：青天白日，和风庆云，不特人多喜色，即乌鹊且有好音。若暴风怒雨，疾雷闪电，鸟亦投林，人亦闭户，乖戾之感，至于此乎？故君子以太和元气为主。（明·陈继儒《安得长者言》）

句解：天高云淡、微风习习的天气，不仅是人满脸喜色，就连鸟雀的鸣叫也都悠扬婉转。如果是疾风骤雨、雷鸣电闪的天气，鸟雀也会躲进深林，人们也会关窗闭户。阴晴难测的天气对天地的影响，居然如此严重吗？因此君子要以冲淡平和的元气修养身心。

原文：人之嗜名节、嗜文章、嗜游侠，如嗜酒然，易动客气，当以德性消之。（明·陈继儒《安得长者言》）

句解：人们嗜好名节、嗜好文章、嗜好侠义，如果像嗜酒如命一样，就容易诱发强烈的欲望，应该以提高品性来消除这种恶习。

原文：士君子不能陶熔人，毕竟学问中火力未透。（明·陈继儒《安得长者言》）

句解：读书人如果不能教育培养他人，那一定是自己的修养尚未炉火纯青。

原文：人生一日，或闻一善言，见一善行，行一善事，此日方不虚

生。（明·陈继儒《安得长者言》）

句解：人在世上活一天，假如听到一句善言，见到一件善行，或者自己做一件好事，那么这一天就算没有虚度。

原文：静坐以观念头起处，如主人坐堂中，看有甚人来，自然酬答不差。（明·陈继儒《安得长者言》）

句解：静坐时对于自己内心深处突现的想法，就应像主人稳坐堂中，看到有什么客人来访一样，自然就知道如何应对。

原文：人不易知，然为人而使人易知者，非至人，亦非真豪杰也。黄河之脉，伏地中者万三千里，而莫窥其际。器局短浅，为世所窥，丈夫方自愧不暇，而暇求人知乎？（明·陈继儒《安得长者言》）

句解：人不容易被彻底了解。假如做人容易被别人彻底了解，就不是修养深邃的人，也不是真正的英雄豪杰。黄河奔腾一万三千里，没有人能看到它的边际。英雄豪杰如果心胸狭隘、目光短浅，被别人所看透，那么就自我惭愧都来不及，怎么能去要求别人呢？

原文：人不可自恕，亦不可使人恕我。（明·陈继儒《安得长者言》）

句解：做人不能处处都自我宽恕，也不能事事都让别人原谅自己。

原文：闭门即是深山，读书随处净土。（明·陈继儒《安得长者言》）

句解：闭门修身仿佛隐居山林，静心读书仿佛随处都是净土。

原文：让所以息争，我果不争，又何必立一让名，以致暴客之弯弓？（明·陈继儒《小窗幽记·素卷》）

句解：提倡谦让，是为了平息争夺，如果我不与人争，又何必博取谦让的名声，以招致强横的人肆意攻击呢？

原文：骥虽伏枥，足能千里；鹄即垂翅，志在九霄。（明·陈继儒《小窗幽记·豪卷》）

句解：尽管年老的骏马卧在马槽，仍然能够日行千里；即使鸿鹄垂下翅膀，志向仍然在九霄之上。

原文：心易实而难虚，气易扬而难抑。能虚而抑，其于道也几矣。（明·薛应旗《薛方山纪述》）

句解：人心容易自满却难以谦虚，态度容易傲慢却难以恭谨，如果能够做到谦虚和恭谨，那么就表明他的修养已经接近于道了。

原文：万物皆备于我，不可以物为非我也，然而有我则私矣；万物皆具于心，不可以心为无物也，然而有物则滞矣。（明·薛应旗《薛方山纪述》）

句解：世间万物的品性都在我心中，因此不能认为万物与我没有关系，然而假如过于看重自身就会导致私欲膨胀；世间万物都能被我容纳于心，因此不能说我内心是空虚的，然而假如心中只想着外物就会导致心思迟钝。

原文：其志定者，其言简以重；其志俭者，其言质以实；其志刚者，其言果以断；其志直者，其言明以厉。（明·薛应旗《薛方山纪述》）

句解：意志坚定的人，他的语言简练而且庄重；志向淡泊的人，他的语言朴素而且务实；意志坚强的人，他的语言沉着而且果断；内心直爽的人，他的语言准确而且严肃。

原文：君子之于道，非任不成，非气不至。自是似任而非任也，客气似气而害气也。（明·薛应旗《薛方山纪述》）

句解：君子对于符合道德的事，假如缺乏信心就不能成功，假如缺乏勇气就不能完善。自以为是的态度仿佛自信却不是自信；意气用事仿佛勇气却不是勇气，而且还会损害真正的勇气。

原文：君子之学也，忧不得乎实，不忧名之不得也；君子之仕也，忧不崇其德，不忧官之不崇也。（明·薛应旗《薛方山纪述》）

句解：君子读书学习，担心不能掌握实在的知识，不担心不能获得美好的名声；君子为官从政，忧虑品德不够高尚，不忧虑官位不显赫。

原文：君子无我斯能处人，闻誉而喜、见诤而艴者，众人也；闻诤而喜，见誉而惧者，君子也。（明·薛应旗《薛方山纪述》）

句解：品德高尚的人只有消除私欲才能处理好与他人的关系，那些听到赞扬就高兴、听到批评就恼怒的人是凡夫俗子；而听到批评就高兴、听到赞扬就恐惧的人是君子。

原文：养心须淡泊，凡足以累吾心者，勿为也。（清·王永斌《围炉夜话·卷二》）

句解：修养身心，需要拥有淡泊宁静的境界，所有能够拖累身心的事，都不能去做。

原文：多记先正格言，胸中方有主宰。闲看他人行事，眼前即是规箴。（清·王永斌《围炉夜话·卷二》）

句解：多多牢记先哲的处世格言，胸中才会有主见，冷静观察别人的行为，眼前就都是自己的借鉴。

原文：志量远大，富贵不能淫也。（清·王永斌《围炉夜话·卷三》）

句解：志向高远广阔，即使荣华富贵也不能迷乱心性。

原文：必能忍人不能忍之触忤，斯能为人不能为之事功。（明·薛瑄《从政录》）

句解：只有能够忍受常人所不能忍受的困境和挫折，才能取得别人所不能取得的成功。

原文：处事了，不形之于言尤妙。（明·薛瑄《从政录》）

句解：把事情处理完毕之后，最好不要再去说它。

原文：人遇拂乱之事，愈当动心忍性，增益其所不能；所行有窒碍处，必思有以通之，则智益明。（明·薛瑄《从政录》）

句解：人遭遇混乱的事情时，更应该多多考虑而使性格坚强起来，以提高自己的能力；遭遇困难难以克服时，要想方设法予以克服，以丰富自己的谋略和智慧。

原文：勿以小事而忽之，大小必求合义。（明·薛瑄《从政录》）

句解：不要因为事情小就忽视，事实上无论事情大小都要合乎道理。

原文：处事识为先，断次之。（明·薛瑄《从政录》）

句解：处事首要的是见识，其次才是判断。

原文：凡事分所当为，不可有一毫矜伐之意。（明·薛瑄《从政录》）

句解：所有分内应该做的事，就不能有丝毫的居功之意。

原文：犯而不校最省事。（明·薛瑄《从政录》）

句解：不去计较他人对自己的冒犯是最省事的。

原文：凡事皆当推功让能于人，不可有一毫自得自能之意。（明·薛瑄《从政录》）

句解：所有事都应当把功劳和才能让给别人，不可有丝毫的自得之意。

原文：祸到休愁，也要会救。福来休喜，也要会受。（清·金缨《格言联璧·持躬类》）

句解：遭逢灾祸，不要忧愁，要学会补救。遇到喜事，不要太高兴，要学会忍受可能的痛苦。

原文：奢者富不足，俭者贫有余，奢者心常贫，俭者心常富。（清·金缨《格言联璧·持躬类》）

句解：奢侈的人富裕而不满足，节俭的人贫穷却有余裕，奢侈的人心中常常感到贫穷，节俭的人心中常常感到富足。

原文：无事时，戒一偷字，有事时，戒一乱字。（清·金缨《格言联璧·处世类》）

句解：闲暇时，要警惕偷懒，办事时，要戒除慌乱。

原文：待己当从无过中求有过，非独进德，亦且免患。待人当于有过中求无过，非但存厚，亦且解怨。（清·金缨《格言联璧·接物类》）

句解：对待自己应在没有过错中寻找缺点，这不仅是修养品行，而且也能免除祸患，对待别人应从他的过错中，寻找优点，这不只是宽厚，也能化解积怨。

原文：将受命之日忘其家。（《尉缭子·武议》）

句解：军人从接到作战任务时起，就要忘记自己的家庭。

原文：病已成而后药之，乱已成而后治之，譬犹渴而穿井，斗而铸锥，不亦晚乎？（《黄帝内经·四气调神大论》）

句解：患病之后再吃药，混乱以后再治理，就犹如口渴才凿井，临阵才铸造兵器，不是太晚了吗？

原文：不乐损年，长愁养病。（北周·庾信《闲居赋》）

句解：心情郁闷能会减寿，长期忧愁便会生病。

原文：威而不猛，忿而不怒，忧而不惧，悦而不喜。（三国·蜀·诸葛亮《赏罚·第十》）

句解：威严而不刻薄，忿恨而不恼怒，忧虑而不畏惧，欣喜而不喜形于色。

原文：见贤若不及，从谏如顺流，宽而能刚，勇而多计。（三国·蜀·诸葛亮《诸葛亮集·将材》）

句解：看到贤良的人似乎来不及向他学习，听从他人的劝告要像顺着水流一样自然；待人宽厚而又刚毅，要勇敢而又要有谋略。

原文：恢宏志士之气，不宜妄自菲薄。（三国·蜀·诸葛亮《出师表》）

句解：应该激励有志之士的气概，而不应该看轻自己。

原文：不傲才以骄人，不以宠而作威。（三国·蜀·诸葛亮《将戒》）

句解：不要以才能自傲而对他人趾高气扬，也不能以自己受宠而对他人颐指气使。

原文：老骥伏枥，志在千里。烈士暮年，壮心不已。（三国·魏·曹操《步出夏门行·龟虽寿》）

句解：年老的骏马伏在马槽上，还想到千里之外驰骋。勇猛的战士到老还心怀壮志。

原文：君子审己以度人。（魏·曹丕《典论·论文》）

句解：品德高尚的人严格要求自己，然后才判断别人。

原文：道丧时昏，则忠贞之义彰。（晋·柏元子《荐谯元彦表》）

句解：在昏暗无道的年代里，忠贞之士的高尚的品格才更加彰显。

原文：若安天下，必须先正其身。未有身正而影曲，上治而下乱者。

密·吴兢《贞观政要·君道》

句解：要想安定天下，必须先端正自己的品行。没有身体端正却影子弯曲、上面太平而下面混乱的事。

原文：丈夫贵兼济，岂独善一身？（唐·自居易《新翩布裘》）

句解：英雄豪杰最看重兼济天下，怎么能满足于独善其身呢？

原文：不患人不知，惟患学不至。（唐·范质《诫儿侄八百字》）

句解：不担心别人不知道自己，唯恐自己的学问不广博。

原文：不为苟得以偷安，不为苟免而无耻。（唐·魏征《群书治要·体论》）

句解：不做不义的事以苟且偷生，不做丧失节操的事而成为无耻之徒。

原文：道在无伊邪，天将奈尔何。（唐·韩偓《信笔》）

句解：如果你走的是正道，苍天又能对你怎样呢？

原文：得罪由己招，本性易然诺。（唐·王昌龄《见谴至伊水》）

句解：错误和过失都是自己招来的，人的本性容易轻易许诺。

原文：鉴貌在乎止水，鉴己在乎哲人。（唐·吴兢《贞观政要·公平》）

句解：照出容貌取决于静止的水，检讨自身要求助贤哲的人。

原文：但忧死无闻，功不挂青史。（宋·陆游《投梁参政》）

句解：只担忧死后无名，不能在青史上记下自己的功勋。

原文：怀锢蔽自欺之心，长虚骄自大之气，皆好名之故。（宋·朱熹《上蔡先生语录》）

句解：怀有自满自欺之心，助长傲慢的气焰，这都是喜欢虚名的结果。

原文：饥不从猛虎食，暮不从野雀栖。（宋·郭茂倩《乐府诗集·猛虎行》）

句解：比喻不要和坏人同流合污，而应保持自己的节操。

原文：积学于己，以待用也。（宋·程颐《为家君作试汉州学策问》）

句解：自己勤奋积累学问，以等待需要时予以运用。

原文：君子对青天而惧，闻雷电而不惊，履平地而恐，涉风波而不疑。（宋·许荣《樵谈》）

句解：品德高尚的人面对青天检讨自身，所以遭遇雷电而不惊惧；走在平地上心存恐慌。所以，面临困境而坚定不移。

君子因为能常常警惕自己不做坏事，所以遇见雷电而不畏惧，由于在太平时节能警戒自己，因此经过风波也能从容不迫。

原文：青春岂不惜，行乐非所欲。（宋·文天祥《山中感兴》）

句解：我并非不爱惜青春，但追求行乐并不是我的想法。

原文：穷不易操，达不患失。（宋·林逋《省心录》）

句解：困厄时不改变节操，显达时不计较得失。

原文：自律不严，何以服众！（元·张养浩《风宪忠告》）

句解：不严格要求自己，凭什么使众人信服！

原文：不敢妄为些子事，只因曾读数行书。（元·陶宗仪《南村辍耕录》）

句解：之所以不敢做亏心事，是因为读过几本书的缘故。

原文：不可以律己之律律人。（元·张养浩《牧民忠告·卷下》）

句解：不应以衡量自己的标准去要求别人。

原文：君子不念旧恶，小人儿自来悔后。（元·尚仲贤《单鞭夺槊》）

句解：君子不会念念不忘曾经的误会，而小人只能一辈子后悔。

原文：去食去兵，不可去信。（元·关汉卿《独赴单刀会》）

句解：可以抛弃食物，抛弃武器，不可抛弃诚信。对一个人来说，信用是最重要的。

原文：为学大病在好名。（明·王阳明《传习录》）

句解：作学问的人最忌讳的是追求虚名。

原文：欲人勿疑，必先自信。（明·冯梦龙《东周列国志·第十三回》）

句解：若让别人不怀疑自己，必须先有充沛的自信。希望别人不做坏事，必须先使自己完美起来；希望别人不要怀疑自己，必须先要自己言而有信。

原文：责人者，必先自责；成人者，必先自成。（明·钱琦《规世》）

句解：责备别人，必须首先检讨自己；帮助别人，必须首先自己成功。

原文：人必衣食有所资，然后为善之心以生。（明·海瑞《使毕战问并地》）

句解：人的衣食必须有所保障，然后为善之心才能产生。

原文：谋事在人，成事在天。（明·罗贯中《三国演义·第一百零三回》）

句解：谋求事情在于人力，成就事情在于天意。

原文：得鱼后，怎忘筌？（明·朱权《荆钗记·分别》）

句解：捕到了鱼之后，怎能忘掉捕鱼的筌呢？

原文：沽名钓誉，眩世炫俗，由君子观之，皆所不取也。（明·方孝孺《豫让论》）

句解：以沽名钓誉的行为，去迷惑世人，夸耀于社会，在君子眼中都是不足取的。

原文：画虎不成君莫笑，安排牙爪始惊人。（明·冯梦龙《警世通言·钝秀才一朝交泰》）

句解：画虎暂时没有成功，你不要讥笑啊，等到画完虎牙、虎爪时，它会令人大吃一惊。

原文：黄齑百瓮皆前定，助我平生铁石肠。（明·于谦《祈雨蔬食》）

句解：因为以前常常是淡饭粗茶，所以对于培养我的气节很有好处。说明艰苦朴素的生活有助于培养高尚的气节。

原文：将相本无种，男儿当自强。（明·高明《琵琶记》第十出）

句解：英雄俊杰不是天生的，男子汉应当发奋图强。

原文：去得一分己私，便是一分圣学。（明·高拱《本语·卷三》）

句解：减去一分私心，便能学到一分圣人的学问。

原文：为人，不可以有我。（清·袁枚《随园诗话·卷七》）

句解：为人处世，不能以自我为中心。

原文：为善最乐，读书更佳。（清·阮葵生《茶余客话·卷十二》）

句解：做善事是最大的快乐，读书是更大的快乐。

原文：人有登山而采玉者，有入海而求珠者。各宝其宝，不必同也。（清·袁枚《随园诗话补遗·卷四》）

句解：世上的人有登山采玉的、有入海寻珠的，都以自己的宝物为宝物，不必强求相同。

原文：待己者，当于无过中求有过；待人者，当于有过中求无过。《训俗遗规·史播臣愿体集》

句解：对待自己，要在自认为没有过失中找出过失，对待别人要在错误中寻找优点。

原文：十个人十样性。（清·张南庄《何典·第二回》）

句解：有十个人，就有十种性情。

原文：人贵旧，器贵新。（清·谭嗣同《学篇》）

句解：人以旧交情为重，器物以新品为重。

原文：不服一人，与逢人便服者，皆妄人。（清·申涵光《荆园小语》）

句解：对每个人都不佩服和对所有人都佩服，这些都是愚妄的人。

原文：传语世间驰走肉，生前早作死时计。（清·魏源《观物吟》）

句解：像行尸走肉一样的人，其实他在未死之前就已经没有灵魂了。

原文：但终日不见己过，便绝圣贤之路。（清·王晫《今世说·卷二》）

句解：如果每天都不能发现自己的错误，这就会断绝自己走上圣贤之路。

原文：当官临事，切戒躁急。躁急，则先自处于不暇，何暇治事。（清·申涵煜《省心短语》）

句解：为官的人遇到事情，切忌急躁，一旦急躁，就会使自己手忙脚乱，哪里还有闲暇处理事情呢？

原文：当及未衰时，晚节早自励。（清·周焯《五十》）

句解：直当趁年龄尚壮之时，提早磨励自己的晚节。

原文：到老始知气质驳，寻思只是读书粗。（清·王豫《蕉窗日记·

卷二》)

句解：人到老年时才知道自己气质驳杂，思考一下就会明白只是由于一生读书不认真的缘故。

原文：毁誉荣辱之来，非独不以动其心，且资之以为切磋砥砺之地。(清·宋缓《古今药石·续自警编》)

句解：面临毁谤和荣誉，光荣与耻辱，不但不为之动心，而且还把它作为切磋学问、磨炼意志的好机会。

原文：君子受言以达聪明。(清·魏源《默觚·治篇》)

句解：君子能接受别人的批评，从而使自己变得聪明起来。

原文：君子以细行律身，不以细行取人。(清·魏源《默觚·治篇》)

句解：君子在小事上严格自律，从不用小事来苛求别人。

原文：将欲论人短长，先顾自己何若。(清·申涵光《荆园小语》)

句解：要想议论别人的优点与缺点，要先检讨自己做得怎么样。

原文：不忘久德，不思久怨。(《孔子家语·颜回》)

句解：不忘过去的恩德，不记过去的私怨。

原文：人之初，性本善。性相近，习相远。(《三字经》)

句解：最初人的本性都是向善的，本性虽然都是相近的，但平时的习惯却相差很远。

原文：劝人生，济困扶穷。(清·曹雪芹《红楼梦·第五十三回》)

句解：劝诫人们在世时多做济困扶贫的好事。

原文：大丈夫，千山万水往长远处看。(清·华广生《白雪遗音·火炉热了》)

句解：英雄豪杰历经千辛万苦，但他们的目光总是极为远大。

原文：德比于上，欲比于下。(晋·傅玄《傅子·仁论篇。》)

句解：道德修养应该和比自己高的人相比，生活欲求应该和不如自己的人相比。

原文：为学大益，在自求变化气质。(《琼琚佩语·修己》)

句解：学习的最大好处在于自我努力，改造自己。

原文：为人如构室，先须根基坚固，始可承载。忠诚，敦厚人之根基也。（《琼琚佩语·人品》）

句解：做人像盖房，先要打好地基，使其牢固，这样才能经得起房屋的重压，忠诚就好比是敦厚之人的地基。

原文：求道者，不以目而以心。（西汉·贾谊《新书·修政语》）

句解：要认识事物发展的规律，不能仅用眼睛看，而是要用脑子思考。

原文：君饮太过，非摄生之道，必宜断之。（南朝·宋·刘义庆《世说新语·任诞》）

句解：一个人饮酒过多，并不是养生之道，应该停止过量饮酒。

原文：己有过，不当讳。（清·陈宏谋《训俗遗规·陆桴亭思辨录》）

句解：自己有了过错，不应该隐瞒。

原文：少壮不努力，老大徒伤悲。（南朝·梁·萧统《昭明文选·古乐府·长歌行》）

句解：年轻时不努力学习，等到年纪大了只有徒然悲伤难过了。

原文：君子修道立德，不为穷困而改节。（《孔子家语·在厄》）

句解：品德高尚的人修习道义、树立良好的品德，不会因为贫穷而改变节操。

原文：君子有三患：未之闻，患不得闻；既得闻之，患不得学；既得学之，患不能行。（《孔子家语·疏证》）

句解：品德高尚的人有三种忧虑：未曾听到的道理，担心听不到了；已经听到的道理，担心学不到手；已经学到手的，担心不能付诸实践。

原文：见人嘉言善行，则敬慕而纪录之。（宋·朱熹《朱子全书·学五》）

句解：一旦听到别人说过好的言辞，或看到别人做了善举，就要对他满怀敬意并且记录下来。

原文：屈自以富贵，不如抗自以贫贱。（汉·孔鲋《孔丛子》）

句解：委屈求全去谋求富贵，不如坚持气节安于贫贱。

原文：上策莫如自治。（唐·杜牧《樊川文集·罪言》）

句解：最好的方法莫过于自我约束。

原文：为而不矜，作而不恃。（唐·皮日休《皮日休文集·手箴》）

句解：做出了成绩不要骄傲，取得了成就不要自恃有功。

二 识人智慧

世事纷纭，人情复杂。有的人襟怀坦白，清澈如水；有的人阴险狡诈，深不可测。然而，或为自我保护，或为谋取私利，许多人都戴有不同的面具。为使自己在漫长的人生之路中广结良师益友，避免所交非人，就要掌握必要的识人方法和智慧。唯其如此，才能世事洞明，人情练达。

原文：君子以同而异。（《易经·睽·象》）

句解：君子求大同，存小异。

原文：君子以顺德，积小以高大。（《易经·升·象》）

句解：君子遵循道德原则，积累小的善行，以成就崇高的品德。

原文：困而不失其所亨，其唯君子乎！（《易经·困·象》）

句解：置身于穷困之中而不失亨通的前途，也许只有君子能够做到这一步。

原文：蒙以养正，圣功也。（《易经·蒙·象》）

句解：在童稚的时候培养纯正的品质，是造就圣人的办法。

原文：君子以果行育德。（《易经·蒙·象》）

句解：君子用果断坚毅的行为，来培育高尚的品德。

原文：开国承家，小人勿用。（《易经·干传·师》）

句解：创立和治理国家，不能任用品德卑劣的人。

原文：维迩言是听，维迩言是争，如彼筑室于道谋，是用不溃于成。（《诗经·小雅·小旻》）

句解：只肯听些浅薄之语，还要争吵辩论，好像建房时询问过路人一样，最终没法建成房屋。

原文：夙兴夜寐，无忝尔所生。（《诗经·小雅·小宛》）

句解：早早起床劳作，晚晚睡下休息，不要有愧于生身父母。

原文：君子无易由言，耳属于垣。（《诗经·小雅·小弁》）

句解：君子不要轻易说话，因为隔墙有耳。

原文：明王立政，不惟其官，惟其人。（《尚书·周官》）

句解：贤明的君主订立政法，不光是设立一个职位，还要为这些职位选出称职的官员。

原文：稽于众，舍己从人。（《尚书·大禹谟》）

句解：考察公众的言论，放弃个人的偏见，服从公众正确的意见。

原文：惟日孜孜，无敢逸豫。（《尚书·君陈》）

句解：每天孜孜不倦的劳作，不敢贪图安逸享乐。

原文：知人则哲，能官人，安民则惠。（《尚书·皋陶谟》）

句解：能识别人才就是智慧，能任用人才，使百姓安居乐业，就是恩惠。

原文：举能其官，惟尔之能。称匪其人，惟尔不任。（《尚书·周官》）

句解：所举荐的人能胜任官职，说明你也具有能力；所举荐的人不能胜任官职，说明你也不能胜任这一职位。

原文：惟治乱在庶官。（《尚书·说命中》）

句解：国家稳定或混乱，关键在于所任命的官员是否尽职。

原文：使能，国之利也。（春秋·左丘明《左氏春秋·文公六年》）

句解：任用有才干的人，这对国家是有好处的。

原文：善不可失，恶不可长。（春秋·左丘明《左氏春秋·隐公六

年》）

句解：善良不可以失去，邪恶不可以生长。

原文：唯善，故能举其类。（春秋·左丘明《左氏春秋·襄公三年》）

句解：只有品德高尚的人，才能推举和自己类似的人。

原文：不以一眚而掩大德。（春秋·左丘明《左氏春秋·僖公三十三年》）

句解：不因一次过失就掩盖了崇高的品德。

原文：苟利社稷，死生以之。（春秋·左丘明《左氏春秋·昭公四年》）

句解：如果有利于国家，就要视死如归全力以赴。

原文：惟善人能受尽言。（春秋·左丘明《国语·周语下》）

句解：只有善良的人才能接受真诚坦率的话。

原文：不厚其栋，不能任重。重莫如国，栋莫如德。（春秋·左丘明《国语·鲁语上》）

句解：不选择粗大的木料做栋梁，就不能承受沉重的压力。重量莫过于国家，栋梁莫过于德行。

原文：不忘恭敬，社稷之镇也。（春秋·左丘明《国语·晋语》）

句解：不忘记恭敬的礼仪，是国家的栋梁。

原文：贤者宠至而益戒，不足者为宠骄。（春秋·左丘明《国语·晋语》）

句解：才能出众、品德高尚的人面临荣宠时会更加谨慎，才能不足、品德一般的人会因为得到荣宠而骄傲。

原文：不厚其栋，不能任重。（春秋·左丘明《国语·鲁语》）

句解：不加固栋梁，它就不能撑住房屋的重量。

原文：君子直言直行，不宛言而取富，不屈行而取位。（《大戴礼记·曾子制言中》）

句解：君子说话直爽坦率，办事公平正直，不花言巧语而谋取财富，不委屈行事而谋取地位。

原文：君子尊其所闻，则高明矣；行其所闻，则广大矣。高明广大，不在于他，在加之志而已矣。（《大戴礼记·曾子疾病》）

句解：君子尊崇他所听闻的义理，就高超聪明；实行他所听闻的义理，就宽广博大。高超聪明、宽广博大，不是其他人，而是他的志向得到了扩展。

原文：父子君臣长幼之道，得而国治。（《礼记·文王世子》）

句解：懂得了父与子、君与臣、长与幼的关系，国家就可以得到治理。

原文：不胜其任，而处其位，非此位之人也。（战国·墨翟《墨子·亲士》）

句解：不能胜任却担任一定的职务，这样的人不适合处于其位。

原文：赏不当贤，而罚不当暴，则是为贤者不劝，而为暴者不沮矣。（战国·墨翟《墨子·尚贤》）

句解：奖赏不给予德才兼备的人，刑罚不对准残暴凶恶的人，因此德才兼备的人就得不到鼓励，也不能打击残暴之徒的嚣张气焰。

原文：弓先调而后求劲，马先顺而后求良，人先信而后求能。（春秋·辛妍《文子·上德》）

句解：只有先调好弓弦，才能求其强劲；只有先驯服骏马，才能求其优良，人只有先拥有诚信的品格才能求其贤能。

原文：勇者可令进斗，不可令持坚；重者可令固守，不可令凌敌；贪者可令攻取，不可令分财；廉者可令守分，不可令进取；信者可令持约，不可令应变。五者，圣人兼用而材使之。（春秋·辛妍《文子·自然》）

句解：可以命令勇敢的人前进战斗，不可命令勇敢的人坚守不出；可以命令稳重的人稳固防守，不可命令稳重的人进攻敌人；可以命令贪财的人攻取城池，不可命令贪财的人分发钱财；可以命令廉洁的人坚守本分，不可命令廉洁的人进攻夺取；可以命令守信的人坚守约定，不可命令守信的人随机应变。以上五个方面，圣人都要分别采用并根据下属的才能而使用他们。

原文：论人之道：贵即观其所举，富即观其所施，穷即观其所受，贱即观其所为；视其所患难，以知其所勇；动以喜乐，以观其守；委以财货，以观其仁；振以恐惧，以观其节。如此，则人情可得矣。（春秋·辛妍《文子·上义》）

句解：观察人的方法：高贵的人观察其举动，富有的人观察其施予，贫穷的人观察其所受，卑贱的人观察其行为；根据其所面对的困难观察其勇气；用欢喜和快乐感动他的内心以观察其操守；把财物交给他管理以观察其品德；用恐吓威胁他以观察其气节。这样就能获得人心。

原文：贤不必得时也，不肖不必失命也。是故贤者守时，而不肖者守命。（春秋·鹖冠子《鹖冠子·备知》）

句解：才能出众的人不一定能得到时机，才能低下的人不一定没有命运。所以才能出众的人把握时机，才能低下的人持守命运。

原文：人言者，动也。己默者，静也。因其言，听其辞。（《鬼谷子·反应》）

句解：别人侃侃而谈，是动；自己沉默不已，是静。要根据他人的谈话内容，通过其词汇，了解其心理和思想。

原文：君子不器。（《论语·为政》）

句解：君子不像器皿那样只有一种用途。

原文：唯仁者能好人，能恶人。（《论语·里仁》）

句解：只有仁德的人，才能喜爱别人，才能厌恶别人。

原文：君子泰而不骄，小人骄而不泰。（《论语·子路》）

句解：君子安详而不骄傲，小人骄傲而不安详。

原文：刚毅木讷，近仁。（《论语·子路》）

句解：刚强、果断、质朴、出言谨慎的人接近于仁德。

原文：如有周公之才之美，使骄且吝，其余不足观也已。（《论语·泰伯》）

句解：假如有个具备周公那样才能和美德的人，如果他骄傲而且吝啬，别的方面也就不值得一谈了。

原文：待文王而后兴者，凡民也。若夫豪杰之士，虽无文王犹兴。（战国·孟轲《孟子·尽心上》）

句解：等到周文王到来才肯发奋的人，是平庸的人。至于世间的豪杰，即使没有周文王也能奋发有为。

原文：权，然后知轻重；度，然后知长短；物皆然，心为甚。（战国·孟轲《孟子·梁惠王上》）

句解：秤一秤之后，才知道轻重；量一量之后，才知道长短。所有事物都是如此，而人心尤其要这样。

原文：人主无贤，如瞽无相。（战国·荀况《荀子·成相》）

句解：君主没有得力的助手，就仿佛盲人没有人相扶持。

原文：下亲上则上安。（战国·荀况《荀子·正论》）

句解：处于下位的人爱戴上级，那么上级就会高枕无忧了。

原文：上明而政平，上暗而政险。（战国·荀况《荀子·天论》

句解：君主贤明政治就会稳定，君主昏庸政治就会危险。

原文：君子贤而能容罢，知而能容愚，博而能容浅，粹而能容杂，夫是之谓兼术。（战国·荀况《荀子·非相》）

句解：君子贤良却能容纳无德无才的人，智慧却能容纳愚蠢的人，渊博却能容纳浅薄的人，纯粹却能容纳驳杂的人，这就是兼容并蓄容纳各种人的办法。

原文：仁者必敬人，敬人有道。贤者则贵而敬之，不肖者则畏而敬之；贤者则亲而敬之，不肖者则疏而敬之。（战国·荀况《荀子·臣道》）

句解：仁义的人一定尊重别人，尊重别人有一定的方法。对贤良的人就崇拜而尊重他，对品德不端的人就敬畏而尊重他；对贤良的人就亲近而尊重他，对品德不端的人就疏远而尊重他。

原文：仁者必敬人，凡人非贤，则案不肖也。（战国·荀况《荀子·臣道》）

句解：仁义的人一定尊重别人，一个人如果不贤良，就是品行不端的人。

原文：人贤而不敬，则是禽兽也；人不肖而不敬，则是狎虎也。禽兽则乱，狎虎则危，灾及其身矣。（战国·荀况《荀子·臣道》）

句解：别人贤良而不尊重人家，这是禽兽的行为；别人品行不端而不尊重人家，这是在戏要老虎。如果是禽兽就会搬弄是非，如果戏要老虎就会遭遇危险，这样灾祸就会降临到自己身上。

原文：君子敬其在己者，而不慕其在天者。小人错其在己者，而慕其在天者。（战国·荀况《荀子·天论》）

句解：君子重视自身的努力，而不羡慕天生的东西。小人放弃自身的努力，而羡慕天生的东西。

原文：万物为道一偏，一物为万物一偏，愚者为一物一偏，而自以一。为知道，无知也。（战国·荀况《荀子·天论》）

句解：万物是自然规律的一个方面，一物是万物的一个方面，愚蠢的人只对一件事物的一个方面有所理解，却自以为掌握了事物的规律，这是无知的。

原文：上周密则下疑玄。（战国·荀况《荀子·正论》）

句解：如果君主掩盖实情，那么国民就会迷惑。

原文：上幽险则下渐诈。（战国·荀况《荀子·正论》）

句解：如果君主阴险毒恶，那么国民就会虚伪狡诈。

原文：欲荣则莫若隆礼敬士。（战国·荀况《荀子·王制》）

句解：若想使国家繁荣昌盛，没有比君主崇尚礼义、尊敬读书人更有效的了。

原文：君子敬其在己者而不慕其在天者，是以日进也；小人错其在己者而慕其在天者，是以日退也。（战国·荀况《荀子·天论》）

句解：因为君子重视自身的努力而不羡慕天生的东西，所以每天进步；由于小人放弃自我努力而羡慕天生的东西，因此每天退步。

原文：内举不避亲，外举不避仇。（战国·韩非《韩非子·说疑》）

句解：举荐贤才应该对内不回避亲近的人，对外不排除结有仇怨的人。

原文：以功受赏，臣不德君。（战国·韩非《韩非子·外储说左下》）

句解：因立功而受到奖赏，臣子是不会对君主感恩的。

原文：以罪受诛，人不怨上。（战国·韩非《韩非子·外储说左下》）

句解：由于有罪而受到诛杀，有罪的人不会怨恨君主。

原文：计功而行赏，程能而授事。（战国·韩非《韩非子·八说》）

句解：以功劳大小予以奖赏，以才能高低安排职务。

原文：有一形者处一位，有一能者服一事。（汉·刘安《淮南子·主术训》）

句解：让有专门才能的人处于专门的位置，让有特殊才能的人做特殊的事情。

原文：人有困穷，而理无不通。（汉·刘安《淮南子·主术训》）

句解：人有困厄贫穷之时，但义理却没有不通的时候。

原文：人无善志，虽勇必伤。（汉·刘安《淮南子·主术训》）

句解：人没有纯正美好的志向，尽管很勇猛也一定会受到伤害。

原文：有生于无，实出于虚。（汉·刘安《淮南子·原道训》）

句解：有从无中产生出来，实从虚中产生出来。

原文：所谓无不为者，因物之所为。（汉·刘安《淮南子·原道训》）

句解：所谓的无不为，就是顺应事物的自然规律而采取行动。

原文：兵之胜败，本在于政。（汉·刘安《淮南子·兵略训》）

句解：军队作战时的胜与败，根本原因在于政治。

原文：不涸泽而渔，不焚林而猎。（汉·刘安《淮南子·主术训》）

句解：不汲干池水捕鱼，不焚烧树林狩猎。

原文：存在得道而不在于大；亡在失道而不在于小。（汉·刘安《淮南子·氾论训》）

句解：生存取决于所从事的事业符合道义而不在于强大，灭亡取决于所从事的事业违背道义而不在于弱小。

原文：因民而虑，天下为斗。（汉·刘安《淮南子·兵略训》）

句解：按照国民的心愿行事，全体国民就会为国家而战斗。

原文：当世而乐其业。（汉·刘安《淮南子·精神训》）

句解：人生在世，安居乐业。

原文：治国有常，而利民为本。（汉·刘安《淮南子·氾论训》）

句解：治理国家要有固定的法律，最根本的是要有利于国民。

原文：智者心之府也，智公则心平矣。（汉·刘安《淮南子·俶真训》）

句解：智慧是心灵之府，思想公正心灵就会平静。

原文：智之所不知，辩弗能解也。（汉·刘安《淮南子·本经训》）

句解：智者不知道的东西，善于辩论的人也不能解释。

原文：智不足以治天下也。（汉·刘安《淮南子·主术训》）

句解：只凭借智慧是不能治理好国家的。

原文：智不足以为治，勇不足以为强。（汉·刘安《淮南子·主术训》）

句解：只凭借智慧不足以治理天下，只凭借勇敢不足以变得强大。

原文：荐贤贤于贤。（汉·韩婴《韩诗外传》）

句解：推荐有才能、有品德的人，要比他们更具有才能和品德。

原文：君子忠人，况己乎？小人欺己，况人乎？（汉·扬雄《法言·君子》）

句解：君子忠诚于别人，何况自己呢？小人连自己都欺骗，何况别人呢？

原文：有人则作，无人则辍之谓伪。观人者，审其作辍而已矣。（汉·扬雄《法言·孝至》）

句解：有别人能看到时就做，没有别人能看到时就停止，这叫虚伪。观察别人，只是审视他是真实行动，还是虚伪罢了。

原文：人才早成，亦有晚就。（汉·王充《论衡·实知》）

句解：人才有青年时期成功的，也有大器晚成的。

原文：凡敢为大奸者，才必有过于众，而能自媚于上者也。（汉·王符《潜夫论·述赦》）

句解：所有敢做奸邪之事的人，他的才能一定超过普通人，而且善于阿谀奉承处于上位的人。

原文：人君兼听纳下，则贵臣不得诬。（汉·王符《潜夫论·明暗》）

句解：国之君主善于广泛听取多方面的意见，采纳臣子正确的建议，那么位高权重的大臣就不敢胡言乱语。

原文：人君之治，莫美于教，莫神于化。（汉·王符《潜夫论·德化》）

句解：国君的治国方法，没有比教育更有效的，没有比感化更神奇的。

原文：吏不贪，民安静。（汉·王符《潜夫论·班禄》）

句解：为官的人不贪赃枉法，国民就会安分守己。

原文：上下交让，道路雁行。（汉·桓宽《盐铁论·世务》）

句解：处于上位的人与老百姓彼此礼让，那么路上的人就会像大雁飞翔一样有秩序。

原文：不患其不足，患其贪而无厌。（汉·桓宽《盐铁论·疾贪》）

句解：不担心他能力有限，只怕他贪得无厌。

原文：见机不遂者陨功。（汉·桓宽《盐铁论·击之》）

句解：错失良机而不采取行动的人，就不会立下功劳。

原文：去邪无疑，任贤勿贰。（汉·刘向《战国策·赵策》）

句解：去除恶人要毫不犹豫，任用人才要毫不怀疑。

原文：子曰："吾不仕，故成业；不动，故无悔；不广求，故得；不杂学，故明。"（隋·王通《文中子·魏相篇》）

句解：文中子说："我不担任官职，因此能成就事业；不轻举妄动，因此不会后悔；不广泛索取，因此能得到快乐；不分心杂学，因此能理解道义。"

原文：与之为取，政之宝也。（汉·司马迁《史记·管晏列传》）

句解：把给予当作获取的手段，是为政的法宝。

原文：上下争利，国则危矣。（汉·司马迁《史记·魏世家》）

句解： 国君与民众争利，国家就会危险了。

原文： 上德不德，是以有德。（汉·司马迁《史记·酷吏列传》）

句解： 具有高尚品德的人，不以此夸耀，因此才是有品德的人。

原文： 上好下必甚，矫枉直必过。（南朝·宋·范晔《后汉书·党锢列传》）

句解： 上级喜好，下属必定更加喜好，矫正邪恶的尺度必须超过正直的界限。

原文： 小辩破言，小言破道。（南朝·宋·范晔《后汉书·陈元传》）

句解： 狭隘的辩论损害言辞，狭隘的言辞损害道义。

原文： 吉凶之机，间不容发。（唐·姚思廉《陈书·虞寄传》）

句解： 吉凶之间的缝隙容不下一丝头发。

原文： 名下无虚士。（唐·姚思廉《陈书·姚察传》）

句解： 大名之下没有不相符合的人。

原文： 怀宝迷邦。（唐·姚思廉《陈书·后主纪》）

句解： 身怀卓越的才能却不愿做官。

原文： 幼有大度，喜怒不形于色。（北齐·魏收《魏书·世宗纪》）

句解： 年幼时胸襟大度，高兴和愤怒的情绪不在脸上表现出来。

原文： 风尘之言，不足介意。（北齐·魏收《魏书·王慧龙传》）

句解： 世间的风言风语，不必牵挂于心。

原文： 小人幸臣，易合于意。（后晋·刘昫《旧唐书·柳泽传》）

句解： 君主所崇信的小人和近臣，他们最善于迎合君主的心意。

原文： 凡人有言，未必有德。（后晋·刘昫《旧唐书·苏味道李峤崔融卢藏用徐彦伯传》）

句解： 一个人有动听的言辞，未必有高尚的品德。

原文： 小人得势，必排于君子。（明·宋濂、王祎《元史·刘秉忠传》）

句解： 奸臣小人一旦得势，一定会排斥君子。

原文： 为将慎重，不可恃勇轻进。（明·宋濂、王祎《元史·郑鼎

传》)

句解：作为将领，应当行为谨慎持重，不能依凭勇气而轻易冒进。

原文：君子用人如器，各取所长。（北宋·司马光等《资治通鉴·唐纪》)

句解：品德高尚的人用人就像使用兵器，每一种兵器都要发挥它的特长。

原文：为治之要，莫先于用人；而知人之道，圣贤所能也。（北宋·司马光等《资治通鉴·魏纪》)

句解：治理国家的关键，莫过于善用人才；而发现人才的方法，只有圣贤之人才能知道。

原文：荐人勿问亲疏。(北宋·司马光等《资治通鉴·唐纪》)

句解：举荐人才不必论关系远近。

原文：选用以公，赏刑以信，则谁不尽力！（北宋·司马光等《资治通鉴·唐纪》)

句解：选用人才保持公正，奖赏惩罚讲求信用，那么谁会不尽心尽力！

原文：不素养士而欲求贤，譬犹不琢玉而求文采也。（北宋·司马光等《资治通鉴·汉纪》)

句解：不努力培养人才，而想得到出色的人才，如同不雕琢璞玉，而想得到美玉。

原文：德者人之所严，而才者人之所敬；爱者易亲，严者易疏，是以察者多蔽于才而遗于德。(北宋·司马光等《资治通鉴·周纪》)

句解：品德高尚的人受人尊敬，才华横溢的人被人敬佩；由于喜欢所以容易亲密，由于尊敬所以容易疏远；因此观察一个人容易仅仅重视才能而忽略道德修养。

原文：登进以懋庸，黜退以惩过；二者迭用，理如循环。（北宋·司马光等《资治通鉴·唐纪》)

句解：提升一个人是为了奖励他的功劳，罢免一个人是为了惩罚他的过失，这两种方法可以交替循环采用。

原文：家贫思良妻，国乱思良相。（北宋·司马光等《资治通鉴·周纪》）

句解：家境贫寒时就想得到贤妻，国家昏乱时就想得到良相。

原文：求才贵广，考课贵精。（北宋·司马光等《资治通鉴·唐纪》）

句解：寻求人才最重要的是广泛，学习知识最重要的是专精。

原文：取其道不取其人，务其实不务其名。（北宋·司马光等《资治通鉴·汉纪》）

句解：在用人时要根据他的主张而不是他的为人，要看实际能力而不是看他的名声。

原文：为官择人，惟才是与。苟或不才，虽亲不用。（北宋·司马光等《资治通鉴·唐纪》）

句解：当官的选择下属必须要看他的才能，如果才能低下，即使关系亲密也不能任用。

原文：能忍辱者，必能立天下之事。（元·许名奎《劝忍百箴·辱之忍》）

句解：能够忍受屈辱的人，一定能成就伟大的事业。

原文：见事易，任事难。（明·吕坤《呻吟语·补遗》）

句解：看准事情容易，做好事情却很难。

原文：真廉无廉名，立名者正所以为贪；大巧无巧术，用术者乃所以为拙。（明·洪应明《菜根谭·六十二》）

句解：真正清廉的人，并不刻意追求所谓清廉的名声，那些追求清廉名声的人，其实贪欲旺盛，真正聪明的人，不要小聪明，而玩弄小聪明的人，其实是笨拙。

原文：未用兵时，全要虚心用人；既用兵时，全要实心活人。（明·陈继儒《安得长者言》）

句解：没有用兵作战时，必须要虚心地使用人才；用兵作战时，必须要真心地爱惜士兵的生命。

原文：神人之言微，圣人之言简，贤人之言明，众人之言多，小人之言妄。（明·陈继儒《安得长者言》）

句解：神人的话微妙幽深，圣人的话简约深刻，贤人的话浅显明了，常人的话繁琐冗长，小人的话无聊虚妄。

原文：能受善言，如市人求利，寸积铢累，自成富翁。（明·陈继儒《安得长者言》）

句解：能接受别人好的意见和建议，就仿佛商人赚钱一样，一丝一毫、一点一滴地逐渐积累，最终自然能成为富翁。

原文：君子置得丧穷通于度外，而无时不自得也；小人置得丧穷通于度内，而无时不患失也。（明·薛应旗《薛方山纪述》）

句解：君子将得与失、穷与通置之度外，心中无时无刻不感到怡然自得；小人将得与失、穷与达看得高于一切，因此时时刻刻都在担心自己的损失。

原文：孔子曰："死生有命，富贵在天。"是皆一定之理。君子知之，故行义以俟命；小人不知，故行险以侥幸。（明·薛瑄《从政录》）

句解：孔子说："死生自有命运，富贵在于天道。"这话确实有很深的道理。君子懂得这个道理，因此施行仁义时服从天命；而小人不懂得这个道理，因此铤而走险以求侥幸。

原文：成大事功，全仗着赤心斗胆。有真气节，才算得铁面铜头。（清·王永斌《围炉夜话·卷二》）

句解：能成就大事业的人，完全凭借着坚定的意志和卓越的胆识，真正有气节的人，才算是铁面无私、不畏强权的硬汉。

原文：先去私心，而后可以治公事；先平己见，而后可以听人言。（清·金缨《格言联璧·接物》）

句解：先去掉私心，然后才可以治理公事；先打消成见，然后才能听取别人的意见。

原文：经济学问，经济方有本源。心性见之事功，心性方为圆满。舍事功更无学问，求性道不外文章。（清·金缨《格言联璧·学问类》）

句解：经世济民，管理国家之道，都来自于学问，经世济民，才是学问的本源。有心性，才能成就事业，这样心性，才能圆满。如果舍弃了事业和功德，就不会有学问，而追求心性之道，就只能依靠文章。

原文：律身惟廉为宜，处世以退为尚。（清·金缨《格言联璧·接物类》）

句解：要求自己，只有廉洁最好。面对世事，以忍让为上。

原文：喜闻人过，不若喜闻己过。乐道己善，何如乐道人善。（清·金缨《格言联璧·接物类》）

句解：喜欢听到别人的过错，不如喜欢检讨自己的过错，喜欢说自己的优点，不如喜欢说别人的特长。

原文：不自重者取辱，不自畏者招祸，不自满者受益，不自是者博闻。（清·金缨《格言联璧·持躬类》）

句解：不自重、不自爱的人，自取其辱，不谨慎、不自量的人，自招灾祸，不自满、不自足的人，收获裨益，不自以为是的人，见闻广博。

原文：待小人宜宽，防小人宜严。（清·金缨《格言联璧·接物类》）

句解：对待品德卑劣者应当宽容，防范品德卑劣者应当严密。

原文：凡为外所胜者，皆内不足。凡为邪所夺者，皆正不足。（清·金缨《格言联璧·接物类》）

句解：凡是被外物所击败的人，都是修养不够，凡是被奸邪打垮的人，都是正气不足。

原文：在家者不知有官，方能守分。在官者不知有家，方能尽分。（清·金缨《格言联璧·从政类》）

句解：在家的人，不知道去当官，才能安守本分。当官的人，忘记了自己有家，才能尽职尽责。

原文：知足常乐，能忍自安。（清·金缨《格言联璧·惠言类》）

句解：知道满足，就能常常感到快乐。能够忍耐，就会安静平和。

原文：富贵贫贱，总难称意，知足即为称意。山水花竹，无恒主人，得闲便是主人。（清·金缨《格言联璧·惠言类》）

句解：无论富贵还是贫贱，总难令人称心如意，其实知足就能称心如意，山上花竹，自然美景，没有永远的主人，有清闲安逸之心，仔细观赏的人，就是主人。

原文：自责之外。无胜人之术；自强之外，无上人之术。（清·金缨《格言联璧·持躬》）

句解：严于律己之外，没有可以胜过别人的办法；自强不息之外，没有可以超过别人的办法。

原文：尺有所短，寸有所长。（战国·屈原《卜居》）

句解：尺虽长也有所短之处，寸虽短也有所长之时。

原文：得士者强，失士者亡。（汉·东方朔《答客难》）

句解：得到贤才的就可以强盛，失去贤才的则会灭亡。

原文：勤于求贤，而逸于得人。（汉·王褒《圣主得贤臣颂》）

句解：经常勤于寻求优秀的人才，就容易得到优秀的人才。

原文：唯才是举，吾得而用之。（三国·魏·曹操《求贤令》）

人生指南：《说文》："吾，我自称也。从口，五声。"

句解：只要是人才，就一定要推荐他，得到后一定要重用他。

原文：大匠构屋，必大材为栋梁，小材为榱橑，苟有所中，尺寸之木无弃也。（晋·傅玄《傅子·授职篇》

句解：优秀的木匠盖房时一定用大材当栋梁，用小材当屋椽，所有能使用的木材，无论多么小都不会抛弃。

原文：利居众后，责在人先。（唐·韩愈《送穷父》）

句解：面对利益在众人之后，承担责任在众人之前。

原文：公无私者，其取舍进退，无择于亲疏远迩。（唐·韩愈《送齐皞下第序》）

句解：公正无私的人，对待下属的态度是或任用或舍弃或提拔或免职，从来不考虑关系的亲疏远近。

原文：大木为杗，细木为桷。（唐·韩愈《进学解》）

句解：用大木材做栋梁，用小木材做屋椽。

原文：取其一，不责其二；即其新，不究其旧。（唐·韩愈《原毁》）

句解：要肯定人一个方面的特长，就不能苛求其它的方面，肯定一个人如今的表现，就不要追究过去。

原文：简能而任之，择善而从之。（唐·魏征《谏太宗十思疏》）

句解：选择有才能的人从而委以重任，选择正确的见解从而予以采纳。

原文：见贤举之如不逮。（唐·武则天《臣轨上》）

句解：看到品德和才能出众的人，唯恐来不及举荐。

原文：为政之要惟在得人，用非其才，必难致治。（唐·吴兢《贞观政要·崇儒学》）

句解：处理政务最重要的是用人得当，假如用非其才，国家必然难于稳定。

原文：惟至公不敢私其所私，私则不正。（宋·欧阳修《三年无改问》）

句解：惟有极其公正的人对自己才不敢存有私心，一旦有私心就会丧失公正。

原文：知人而善用之，若已有焉。（宋·苏辙《历代论·汉光武上》）

句解：能了解人才并善于使用人才，就等于自已拥有别人的才能。

原文：人之行，有情善而迹非，有意奸而外淑，有善恶相悬而不可以实指，有实大于名，有名侈于实。（宋·曾巩《寄欧阳舍人书》）

句解：人的行为，有的性情善良而业绩不佳，有的内心奸诈而冠冕堂皇，有的善恶兼具相差悬殊而难以判断，有的业绩大于名望，有的名望大于业绩。

原文：任人之道，要在不疑。（宋·欧阳修《论任人之体不可疑札子》）

句解：任用人才的原则，关键是不能猜疑。

原文：非才之难，所以自用者实难。（宋·苏轼《贾谊论》）

句解：拥有才能并不难，能使才能充分发挥却实在很难。

原文： 教之，养之，取之，任之，有一非其道，则足以败天下之人才。（宋·王安石《上仁宗皇帝立事书》）

句解： 教育人才、培养人才、选拔人才、任用人才，只要有一方面失误，就足以毁灭天下的人才。

原文： 彼为相者，诚能开诚布公，廓焉无我。己有不能，举能者而用之；己有不知，举知者而用之；己有不敢言，举敢言者而用之。如是则彼之所能，皆我有矣。必欲一身而无众人之事，虽大圣大贤有所不能。（元·张养浩《庙堂忠告》）

句解： 身为宰相之人，确实应当开诚布公、坦然无私。自己能力不足，就要举荐有能力的人去做；自己有所不知，就要举荐了解情况的人去做；自己不敢谏言，就要举荐敢于谏言的人去做。这样那些人的能力就成为了自己的能力。假如想依靠个人的能力来完成众人齐心协力才能完成的事，即便是圣贤也做不到。

原文： 天子之职，莫重择相；宰相之职，莫重用贤。然则何以知其贤，询诸人则知之，察其行则知之，观所举则知之。（元·张养浩《庙堂忠告》）

句解： 天子的职责没有比选择宰相更重要的，宰相的职责没有比任用贤良更重要的。但是怎样才能识别贤才呢？询问众人的意见就能识别贤才；观察他人的行为就能识别贤才；观察他人所推举的是什么人就能识别贤才。

原文： 公则四通八达，私则一偏向隅。（明·薛瑄《薛文清公读书录》）

句解： 办事出于公心就能事事顺畅，办事存有私心就会处处碰壁。

原文： 朝有谔谔尽规之臣，无不昌也；任用阿谀唯唯之士，无不亡也。（晋·段灼《上表陈百事》）

句解： 朝廷有敢于直言进谏的臣子，没有不繁荣昌盛的；如果任用阿谀奉承、唯唯诺诺之人，没有不灭亡的。

原文： 忠厚积则致太平，浅薄积则致危亡。（唐·吴兢《贞观政要·

公平》）

句解：忠厚的品德不断积蓄，国家就会获得太平；浅薄的品行不断积蓄，国家就会走向危亡。

原文：贤才不用，法度不修，偷假岁月，则幸或可以无他；旷日持久，则未尝不终于大乱。（宋·王安石《上时政疏》）

句解：贤良的人才不予任用，国家的法律不去执行，苟且偷安，如果侥幸也许一时不会出现变乱，但时间长久，就未必不会酿成天下大乱。

原文：带船到江，心补漏迟。（元·关汉卿《救风尘》）

句解：船到江中之后才补漏洞，太晚了。

原文：取时难，得后悭。（元·白仁甫《唐明皇秋夜梧桐雨·第二折》）

句解：获得时经历过千辛万苦，得到后就会倍加珍惜。

原文：枕虎以寝，能无啮乎！（明·方孝孺《逊志斋集·杂问》）

句解：睡觉时把老虎当枕头，能不被老虎吃掉吗？

原文：井以甘竭，李以苦存；夫差以酣酒亡，而勾践以尝胆兴。（明·刘基《苦斋记》）

句解：井水由于甘甜而被汲干，李子由于苦涩而能保存；夫差由于沉湎于酒色而灭亡，勾践由于卧薪尝胆而复兴。

原文：室何以倾？梁柱弱。家何以衰？礼义薄。国何以亡？无德泽。（明·方孝孺《柱铭》）

句解：房屋因为什么倒塌？是由于梁柱虚弱。家道因为什么衰落？是由于礼义寡薄。国家因为什么灭亡？是由于无道德无恩泽。

原文：惑者知反，迷道不远。（明·杨慎《风雅逸篇·卷八》）

句解：走错方向的人知道返回，说明他在迷途上走得并不很远。

原文：万夫一力，天下无敌。（明·刘基《郁离子下·多疑不如独决》）

句解：众人齐心协力，就会天下无敌。

三 品德智慧

高尚的品德是人生宝贵的财富。心灵纯净、心地善良、心胸广阔的人必然处处受到人们的欢迎和尊重。品德高尚、为人正直的人往往具有坚韧不拔的意志和豁达开朗的性格，他们不会在挫折中却步，不会在失败中沉沦。无数事实证明，品德高尚的人，不但能够获得友谊和信任，而且能够获得人们无私的帮助，他们不会孤独。

原文：君子居其室，出其言善，则千里之外应之，况其迩者乎？（《易经·系辞上》）

句解：品德高尚的人在家中说了有价值的话，那么千里之外的人也会响应，何况离他很近的人呢？

原文：君子以言有物，而行有恒。（《易经·咸传·家人》）

句解：君子说话言之有物，君子做事持之以恒。

原文：善不积，不足以成名；恶不积，不足以灭身。小人以小善为无益而弗为也，以小恶为无伤而弗去也，故恶积而不可掩，罪大而不可解。（《易经·系辞下》）

句解：如果善行不积累，就不能成就好名声；如果恶行不积累，就不会伤害性命。品德低劣的人认为小的善行没有益处而不做，认为小的恶行不会带来伤害而不改，因此恶行逐渐积累最终无法掩盖，罪行逐渐扩大而难以摆脱。

原文：如月之恒，如日之升。（《诗经·小雅·天保》）

句解：

如同新月渐渐盈满，仿佛旭日东方初升。

原文：满招损，谦受益，时乃天道。（《尚书·大禹谟》）

句解：自满就会招致损失，谦虚就能得到好处，这是天下通行的道理。

原文：作善，降之百祥；作不善，降之百殃。（《尚书·伊训》）

句解：做善事，上天赐与他各种祥瑞；做坏事，上天降给他各种灾祸。

原文：吉人为善，惟日不足；凶人为不善，亦惟日不足。（《尚书·泰誓中》）

句解：善人行善举，整天做都做不够；恶人做坏事，也是整天做都做不够。

原文：树德务滋，除恶务本。（《尚书·泰誓下》）

句解：树立品德必须追求长远，清除邪恶必须追求除根。

原文：玩人丧德，玩物丧志。（《尚书·旅獒》）

句解：戏弄他人会丧失品德，玩弄器物会消弱志向。

原文：作德，心逸日休；作伪，心劳日拙。（《尚书·周官》）

句解：做积德的好事，不但心旷神怡而且名声逐日增长；做伪诈的坏事，不但心力交瘁而且越来越糟。

原文：世禄之家，鲜克由礼。（《尚书·毕命》）

句解：世代享受官府俸禄的人家，很少能够遵从礼仪。

原文：冬日之阳，夏日之阴，不召而民自来。（《逸周书·大聚》）

句解：如果品德像冬天的阳光那样，像夏天的阴凉那样，不用召唤，民众自然就会前来。

原文：君子之言，信而有证。（春秋·左丘明《左氏春秋·昭公八年》）

句解：君子之言，确凿而有根据。

原文：敬，德之聚也。能敬必有德。（春秋·左丘明《左氏春秋·僖公三十三年》）

句解：恭敬的品质是德行的集中表现，能够做到恭敬，必定具备德行。

原文：忠，德之正也；信，德之固也；卑让，德之基也。（春秋·左丘明《左氏春秋·文公元年》）

句解：忠诚是品德的根本，诚信是品德的巩固；谦卑退让是品德的基础。

原文：凡有血气，皆有争心，故利不可强，思义为愈。义，利之本也。（春秋·左丘明《左氏春秋·昭公十年》）

句解：凡有血气的人都有争利之心，因此利益不可以强夺，心中想着道义就会高人一筹，道义是所有利益的根本。

原文：树德莫如滋，去疾莫如尽。（春秋·左丘明《左氏春秋·哀公元年》）

句解：树立品德没有比接连不断更好的，去除疾病没有比干净彻底更好的。

原文：惟善人能受尽言。（春秋·左丘明《国语·周语下》）

句解：只有品德高尚的人能接受别人真诚的批评和建议。

原文：勤民以自封，死无日矣。（春秋·左丘明《国语·楚语》）

句解：不断地勒索人民以满足私欲，末日就会很快到来。

原文：君子能勤小物，故无大患。（春秋·左丘明《国语·晋语九》）

句解：品德高尚的人能认真对待小事，因此没有大祸患。

原文：君子不绝小，不殄微也。行自微也，不微人。人知之，则愿也；人不知，苟吾自知也。（《大戴礼记·曾子立事》）

句解：品德高尚的人不放弃微小的善行，不弃绝隐微的善事。自己的善行隐藏起来，别人的善举予以宣扬。别人知道我的善行，就想想自己的不足；别人不知道我的善行，我还可以努力自我了解。

原文：君子祸之为患，辱之为畏。见善，恐不得与焉，见不善者，恐其及己也，是故君子疑以终身。(《大戴礼记·曾子立事》)

句解：君子忧虑祸患，畏惧侮辱，见到善举唯恐不能参与；见到不好的行为唯恐牵连自己；因此君子一生都处于忧患疑虑之中。

原文：君子不唱流言。(《大戴礼记·曾子立事》)

句解：品德高尚的人不传播流言蜚语。

原文：君子见利思辱，见恶思诟，嗜欲思耻，忿怒思患。(《大戴礼记·曾子立事》)

句解：品德高尚的人见到利益就想到耻辱，见到邪恶就想到诟病，欲望一出现就想到羞耻，愤怒一产生就想到祸患。

原文：君子己善，亦乐人之善也；己能，亦乐人之能也己虽不能，亦不以援人。(《大戴礼记·曾子立事》)

句解：君子自己有善行，也喜欢别人的善行；自己拥有才能，也喜欢别人的才能，自己虽然没有才能，也不谋取别人的才能为己所用。

原文：见利不亏其义，见死不更其守。(《礼记·儒行》)

句解：面对利益不损害道义，面对死亡不改变操守。

原文：射有似乎君子，失诸正鹄，反求诸其身。(《礼记·中庸》)

句解：射箭仿佛君子行事，没有射中目标，就应当在自己身上找原因。

原文：大道之行也，天下为公。(《礼记·礼运》)

句解：治国之道通行的时代，天下为全国民众所公有。

原文：君子贵人而贱己，先人而后己。(《礼记·坊记》)

句解：品德高尚的人尊重别人而且虚怀若谷，先为别人着想然后才会考虑自己。

原文：君子和而不流，强哉矫！(《礼记·中庸》)

句解：君子待人随和而不随波逐流，这才是真正的刚强。

原文：生以辱，不如死而荣。（《礼记·曾子立言》）

句解：与其苟且偷生，不如选择死亡而得到荣耀。

原文：大乐必易，大礼必简。（《礼记·乐记》）

句解：隆重的音乐一定简易，隆重的礼仪必定简朴。

原文：君子有蠢患；未之闻，患弗得闻也；既闻之，患弗得学也；既学之，患弗能行也。（《礼记·杂记下》）

句解：君子有三件忧虑的事情：没听到时忧虑不能听到，听到之后忧虑不能学到，学到之后忧虑不能践行。

原文：孝子之有深爱者，必有和气；有和气者，必有愉色；有愉色者，必有婉容。孝子如执玉，如奉盈，洞洞属属然，如弗胜，如将失之。严威俨恪，非所以事亲也，成人之道也。（《礼记·祭义》）

句解：对父母有深爱之心的孝子，一定有温和顺从的神态；有温和顺从的神态，一定有欢欣喜悦的脸色；有欢欣喜悦的脸色，一定有恭恭敬敬的容貌。孝子仿佛手持玉器，仿佛手捧盈满之物，恭恭敬敬、虔诚专一、小心谨慎，就像拿不动，就像要掉下来似的。严肃庄重、谨小慎微，不是仅仅用来侍奉父母的，而是成为人才的行事规范。

原文：君子之道，辟如行远必自迩，辟如登高必自卑。（《礼记·中庸》）

句解：君子的修身之道，如同走远路一定从近处出发，如同登高山一定从低处开始。

原文：心安静，则神策生；虑深远，则计谋成。（春秋·邓析《邓析子·转辞篇》）

句解：内心安宁平静，好计策自然产生；思考周密长远，好计谋自然成功。

原文：德厚者大，德薄者小。（春秋·辛妍《文子·上仁》）

句解：品德深厚的人强大，品德寡薄的人渺小。

原文：小谨者无成功，訾行者不容众，体大者节疏，度巨者誉远。（春秋·辛妍《文子·上义》）

句解：小心谨慎的人不会获得成功，行为放纵的人不会被百姓所容纳，深识大体的人不会吹毛求疵，眼光远大的人一定美名远扬。

原文：大道坦坦，去身不远，求之远者，往而复返。（春秋·辛妍《文子·道原》）

句解：大道坦荡，距离自己并不遥远，盲目的追寻遥远的目标，最终还要回归自身。

原文：老子曰："小人从事曰苟得，君子曰苟义。"为善者，非求名者也，而名从之，名不与利期，而利归之。（春秋·辛妍《文子·符言》）

句解：老子说："小人追求不道德的利益，君子追求道义。"品行善良的人，不是追求名誉的人，而名誉自来，并不拼命追求利益，而利益自来。

原文：愚者惑于小利而忘大害。（春秋·辛妍《文子·微明》）

句解：愚蠢的人被小利所迷惑却忘掉了严重的祸患。

原文：老子曰："机械之心藏于中，即纯白之不粹。神德不全于身者，不知何远之能怀。欲害之心忘处中者，即饥虎可尾也，而况于能乎？"（春秋·辛妍《文子·道原》）

句解：老子说："奸邪巧诈之心深藏于内心之中，即使纯洁也并不纯粹。精神和品德不能兼备的人，不知其志向有多么高远。心中没有欲望和害人之心的人，即便恶虎紧紧尾随，也不能伤害他，更何况人呢？"

原文：老子曰："勇士一呼，三军皆辟，其出之诚也。"（春秋·辛妍《文子·精诚》）

句解：老子说："勇士一声大喊，三军都要避让，这是由于勇士的声音出于真诚。"

原文：老子曰："所谓圣人者，因时而安其位，当世而乐其业，夫哀乐者德之邪，好憎者心之累，喜怒者道之过。"（春秋·辛妍《文子·九守》）

句解：老子说："所谓圣人，顺乎自然而安守本分，安于所处的时代，而快乐地从事自己的事业，哀乐之心使道德沦丧，好憎之心使内心受到羁绊，喜怒之心使道义泯灭。”

原文：君子死义，不可以富贵留也，为义者不可以死亡恐也，又况于无为者乎！（春秋·辛妍《文子·九守》）

句解：品德高尚的人为道义而献身，不能以富贵相引诱而苟且偷生，追求道义的人不能以死亡相恫吓，何况那些无为的人呢！

原文：老子曰：“夫所谓圣人者，适情而已，量腹而食，度形而衣，节乎已而，贪污之心无由生也。”（春秋·辛妍《文子·九守》）

句解：老子说：“所谓圣人就是怡情适意而已，他们根据需要进食，量体穿衣，只是有节制罢了，因此，无从产生贪婪污秽之心。”

原文：老子曰：“慈父之爱子者，非求其报，不可内解于心。”（春秋·辛妍《文子·微明》）

句解：老子说：“慈爱的父亲爱护子女并不是希求子女回报，这种深情不会在心中消失。”

原文：人有厚德，无问其小节；人有大誉，无疵其小故。（春秋·辛妍《文子·上义》）

句解：如果一个人拥有崇高的品行，不必挑剔他的小过错，如果一个人有显赫的声誉，不必计较他的小缺点。

原文：君子食于道。（战国·慎到《慎子·逸文》）

句解：品德高尚的人从正道获得生活来源。

原文：古者明王之求贤也，不避远近，不论贵贱，卑爵以下贤，轻身以先士。（战国·尸佼《尸子·明堂》）

句解：古代明君求取优秀的人才时，不回避关系的远近，不考虑地位的贵贱，明君总是态度谦卑的求取人才，礼贤下士。

原文：孔子曰：“大哉河海乎，下之也！夫河下天下之川故广，人下天下之士故大。”（战国·尸佼《尸子·明堂》）

句解：孔子说：“黄河沧海，壮阔伟大啊！因为它们谦逊的居于下位。”黄河甘居于百川之下，因此广阔。人能对天下之士谦逊礼让，因此能成就宏大的事业。

原文：日之能烛远，势高也；使日在井中，则不能烛十步矣。（战国·尸佼《尸子·明堂》）

句解：太阳之所以能够遍照四方，是因为它处于高处，如果把太阳放入井中，那么连十步的距离也不能照到。

原文：目在足下，则不可以视矣。（战国·尸佼《尸子·明堂》）

句解：如果眼睛长在脚下，就不能看东西了。

原文：知事者谋，则大举不失。（战国·尸佼《尸子·分》）

句解：知道事物规律的人，出谋划策，采取重要的行动，就不会有所失误。

原文：孔子曰："临事而惧，希不济。"（战国·尸佼《尸子·发蒙》）

句解：孔子说："遇到事情就戒惧，很少有不成功的。"

原文：今有大善者不问孰进之，有大过者不问孰任之，则有分无益已，问孰任之而不行赏罚，则问之无益已。（战国·尸佼《尸子·发蒙》）

句解：如今得到了品德高尚的贤才，不过问是谁举荐的。有了犯大过错的人，也不过问是谁任用的，即使给臣下委派了职务，也不会有任何益处，虽然询问了举荐和任用的人，但对他们既不奖赏也不惩罚，那么即使过问了，也不会有任何益处。

原文：反以观往，复以验来；反以知古，复以知今；反以知彼，复以知己。（《鬼谷子·反应》）

句解：回顾历史，观察既往，然后再以此去验证预测未来，回顾的目的是了解历史，然后再以此分析现在，回顾他人的行为，然后再以此认识自己。

原文：小不忍，则乱大谋。（《论语·卫灵公》）

句解：小事不忍让，就会搅乱重要的计谋。

原文：君子居之，何陋之有？（《论语·子罕》）

句解：品德高尚的人住在这里，哪里有什么简陋呢？

原文：不患人之不己知，患不知人也。（《论语·学而》）

句解：不担忧别人不理解自己，只担忧自己不了解别人。

原文：中人以上，可以语上也；中人以下，不可以语上也。（《论语·雍也》）

句解：中等智商以上的人，可以教给他高深的知识；中等智商以下的人，不能教给他高深的学问。

原文：君子喻于义，小人喻于利。（《论语·里仁》）

句解：君子明白的是道义，小人懂得的是利益。

原文：见贤思齐焉，见不贤而内自省也。（《论语·里仁》）

句解：看见德才兼备的人就想到向他看齐，看见无德无才的人就进行自我反省。

原文：古者言之不出，耻躬之不逮也。（《论语·里仁》）

句解：古人的言语不会轻易说出，他们以自己的行为跟不上言论为耻辱。

原文：以约失之者鲜矣。（《论语·里仁》）

句解：由于约束自己而犯错误的人是很少的。

原文：君子欲讷于言而敏于行。（《论语·里仁》）

句解：君子说话要谨慎，做事要聪敏。

原文：君子成人之美，不成人之恶，小人反是。（《论语·颜渊》）

句解：君子成全他人的好事，不促成他人的恶行，小人与此相反。

原文：君子于其所不知，盖阙如也。（《论语·子路》）

句解：君子对于自己所不知道的事情，大概就当不知道。

原文：言必信，行必果。（《论语·子路》）

句解：言语一定真实可信，行为一定有所收获。

原文：见利思义，见危授命，久要不忘平生之言，亦可以为成人矣。（《论语·宪句》）

句解：见到利益能想到道义，遇到危险敢献出生命，长期贫困却不忘平日的诺言，也可以认为是个完人了。

原文：君子上达，小人下达。（《论语·宪问》）

句解：君子追求仁义，小人追求财力。

原文：小人之过也必文。（《论语·子张》）

句解：品德低劣的人对于过错一定加以文饰。

原文：君子之守，修其身而天下平。（战国·孟轲《孟子·尽心下》）

句解：君子谨守高尚的道德，不断提高修养然后去教化别人，所以天下太平。

原文：大人者，不失其赤子之心者。（战国·孟轲《孟子·离娄下》）

句解：有品德的人是没有丧失纯真童心的人。

原文：将死鼓，驭死辔。（战国·荀况《荀子·议兵》）

句解：将军即使死也要死在战鼓旁，驭手即使死也要死在缰绳旁。

原文：逆其类者谓之祸。（战国·荀况《荀子·天论》）

句解：违背自然规律而采取行动就是灾祸。

原文：说楛勿听。（战国·荀况《荀子·劝学》）

句解：有人妄论违背礼法的事就不要去听。

原文：率道而行，端然正己。（战国·荀况《荀子·非十二子》）

句解：君子遵循道义而采取行动，态度端正严格要求自己。

原文：见侮不辱。（战国·荀况《荀子·正论》）

句解：受到无端的侮辱而不以为耻辱。

原文：公平者，职之衡也。（战国·荀况《荀子·王制》）

句解：公平、公正是处理政事的根本原则。

原文：伯乐不可欺以马，而君子不可欺以人。（战国·荀况《荀子·君道》）

句解：伯乐不会被马所蒙蔽，君子不会被人所欺骗。

原文：君子道其常，而小人道其怪。（战国·荀况《荀子·荣辱》）

句解：君子的办法是遵循常理，而小人的办法是寻求怪异。

原文：君子宽而不慢，廉而不刿，辩而不争，察而不激，寡立而不胜，坚强而不暴，柔从而不流，恭敬谨慎而容，夫是之谓至文。（战国·荀况《荀子·不苟》）

句解：君子宽容而不怠慢，正直而不害人，善辩而不争论，明察而不过激，公正而不争胜，坚强而不暴虐，柔顺而不从俗，恭敬谨慎而持守法度，这些就称之为完备的德行。

原文：不怀爱而听，不留说而计。（战国·韩非《韩非子·八经》）

句解：不能心存偏爱去听取意见，不能依凭兴趣去谋划事情。

原文：君子不听窕言，不受窕货。（战国·韩非《韩非子·难二》）

句解：君子不听荒谬的言论，不接受不道德的财货。

原文：天生人而使有贪有欲。欲有情，情有节。圣人修节以止欲，故不过行其情也。（秦·吕不韦《吕氏春秋·仲春纪·情欲》）

句解：上天生育人类却让人有贪心有欲望。欲望产生情感，情感能够节制。圣人修养节操以克制欲望，因此不会放纵自己的情感。

原文：君子之自行也，动必缘义，行必诚义，俗虽谓之穷，通也；行不诚义，动不缘义，俗虽谓之通，穷也。然则君子之穷通，有异乎俗者也。（秦·吕不韦《吕氏春秋·高义·离俗览》）

句解：君子采取行动以自己为标准，所有举动一定遵循道义，一切作为一定符合道义，普通人虽然认为这是穷困，其实也是通达的；一切作为不能符合道义，所有举动不能遵循道义，普通人虽然认为这是通达，其实也是穷困的。然而君子对通达穷困的看法，与普通人的见解是有差异的。

原文：夫不宜遇而遇者，则必废；宜遇而不遇者，此国之所以乱，世之所以衰也。（秦·吕不韦《吕氏春秋·遇合·孝行览》）

句解：不应被赏识任用的人却受到赏识任用，政事必定败坏；应该受到赏识任用却不能受到赏识任用，这是国家混乱、世道衰微的原因。

原文：甘霖时雨，不私一物。（秦·吕不韦《吕氏春秋·孟春纪·贵公》）

句解：如甘霖一样的及时雨，不会特别偏于某一类东西。

原文：亡国之主一贯。（秦·吕不韦《吕氏春秋·贵直论·过理》）

句解：所有亡国之君，他们失败的原因总是相似的。

原文：神越者，其言华；德荡者，其行伪。至精亡于中，而言行观于外，此不免以身役物矣。（汉·刘安《淮南子·俶真训》）

句解：精神萎靡的人，言辞华丽；品行放荡的人，行为虚伪。最好的修养在心中消失，言行就会暴露出来，这就难免被外物所役使。

原文：察一曲者，不可与言化；审一时者，不可与言大。（汉·刘安《淮南子·缪称训》）

句解：只明察一个局部的人，不能跟他说世间万物的变化；只清楚一个季节的人，不能跟他谈论天地之广大高远。

原文：其见不远者，不可与语大；其智不宏者，不可与论至。（汉·刘安《淮南子·齐俗训》）

句解：见识不深远的人，不能跟他谈论大道理；智慧不恢宏的人，不能跟他谈论最高的理论。

原文：小谨者，无成功；訾行者，不容于众。体大者，节疏；蹠距者，举远。自古及今，五帝三王，未有能全其行者也。（汉·刘安《淮南子·氾论训》）

句解：谨小慎微的人，不能取得成功；诋毁别人行为的人，不能为众人所接受。身体高大的人，关节必长；脚掌宽大的人，迈步必远。自古及今，五帝三王，没有品行十全十美的人。

原文：有真人然后有真知。（汉·刘安《淮南子·俶真训》）

句解：纯真的人才能获得真实的知识。

原文：有所于达，达则嗜欲之心外矣。（汉·刘安《淮南子·俶真训》）

句解：能够具备高尚的道德、通达礼义，这样的人才能抛弃贪婪的欲望。

原文：达于道者，不以人易天。（汉·刘安《淮南子·原道训》）

句解：理解礼义并具备道德的人，不会用个人的欲望来改变天道。

原文：达于道者，反于清静。（汉·刘安《淮南子·原道训》）

句解：理解礼义并具备道德的人，返璞归真、宁静淡泊。

原文：同气于天地，与一世而优游。（汉·刘安《淮南子·本经训》）

句解：顺应自然规律的人一生都会无忧无虑。

原文：性有不欲，无欲而不得。（汉·刘安《淮南子·精神训》）

句解：本性无欲无求，无欲无求就没有什么得不到的。

原文：君子不谓小善不足也而舍之，小善积而为大善。（汉·刘安《淮南子·缪称训》）

句解：君子不会认为微小的善行不值得做而放弃，微小的善行日积月累就是大的善行。

原文：贪者可令进取，而不可令职守。（汉·刘安《淮南子·泰族训》）

句解：对贪欲旺盛的人可以让他进攻夺取，而不能让他恪尽职守。

原文：江河不能实漏卮。（汉·刘安《淮南子·汜论训》）

句解：即使浩瀚的江河也灌不满破漏的酒杯。

原文：患至而后呼天，不亦晚乎？（汉·韩婴《韩诗外传》）

句解：灾祸到来之后才请求相助，这不是太晚了吗？

原文：急辔御者，非千里之御也。（汉·韩婴《韩诗外传》）

句解：过紧的拉住缰绳而驭马，这样的人不是行走千里路的驭者。

原文：吞舟之鱼，不居潜泽。（汉·韩婴《韩诗外传》）

句解：能够吞舟的大鱼不能居住在湖泊中。

原文：君子不以私害公。（汉·韩婴《韩诗外传》）

句解：品德高尚的人不以私心损害公利。

原文：节士不以辱生。（汉·韩婴《韩诗外传》）

句解：气节刚毅的人，不会在屈辱中苟且偷生。

原文：君子有主善之心，而无胜人之色。（汉·韩婴《韩诗外传》）

句解：君子有一心向善的品德，却没有趾高气昂的态度。

原文：君子尊贤而容众，嘉善而矜不能。（汉·韩婴《韩诗外传》）

句解：君子既尊敬优秀的人，也容纳普通的人；既鼓励才能出众的人，也同情能力低下的人。

原文：小人性患耻者也，含邪而生。（汉·王充《论衡·累害》）

句解：品德卑劣的人之所以可耻，是由于内心有邪恶之念。

原文：方圆画不俱成，左右视不并见。（汉·王充《论衡·书解》）

句解：方和圆不能同时画成，左和右不能同时看见。

原文：不览古今，论事不实。（汉·王充《论衡·别通篇》）

句解：不通晓古往今来的发展，对问题的看法就不会正确。

原文：损上益下忠臣之说，损下益上佞人之义。（汉·王充《论衡·答佞》）

句解：减少君主的利益使百姓得到实惠，这是忠臣的主张；损害百姓的利益使国君得到好处，这是奸臣的主张。

原文：闻柳下惠之风，薄夫敦而鄙夫宽（汉·王充《论衡·率性》）

句解：听到柳下惠高尚的品格和行为，刻薄的人也会变得敦厚，卑鄙的人也会变得宽容。

原文：大丈夫处其实，不居其华。（汉·王符《潜夫论·释难》）

句解：英雄豪杰立身于朴实真诚，而不立身于虚荣浮华。

原文：圣人求之于己，不以责下。（汉·王符《潜夫论·明忠》）

句解：圣明的人凡事都在自己身上找原因，而从不责备属下。

原文：成天地之功者，未尝不繁昌。（汉·王符《潜夫论·思贤》）

句解：成就伟大事业的人，没有不繁荣昌盛的。

原文：积善多者，虽有一恶，是为过失，未足以亡。（汉·王符《潜夫论·慎微》）

句解：积累善行很多的人，虽然犯了一次错误，但那只是过失，并不会使他身败名裂。

原文：一旦富贵，则背亲捐旧，丧失本心。（汉·王符《潜夫论·忠贵》）

句解：小人一旦得志，就会背离亲朋好友，丧失天理人性。

原文：恶之资，终不可化。（汉·王符《潜夫论·述赦》）

句解：丑恶的品性，最终不能通过教化获得改变。

原文：大风有隧，贪人败类。（汉·王符《潜夫论·班禄》）

句解：大风必定有通道，贪欲旺盛的人必会损害他的同族。

原文：人与之为怨，家与之为仇。（汉·桓宽《盐铁论·非鞅》）

句解：人人怨恨他，家家仇恨他。

原文：人无夭寿，各以其好恶为命。（汉·桓宽《盐铁论·论灾》）

句解：人的寿命无所谓长短，都是由各自的行为所决定的。

原文：曲木恶直绳，奸邪恶正法。（汉·桓宽《盐铁论·申韩》）

句解：弯曲之木厌恶笔直的绳墨，奸邪之徒憎恶公正的法律。

原文：贤者不容辱。（汉·桓宽《盐铁论·备胡》）

句解：贤良的人不会做耻辱的事。

原文：不为穷变节，不为贱易志。（汉·桓宽《盐铁论·地广》）

句解：不因为穷困而改变节操，不因为贫贱而改变志向。

原文：极身毋二，尽公不还私。（汉·刘向《战国策·秦策》）

句解：为国家尽力鞠躬尽瘁，全力以赴，公而忘私。

原文：威严不足以易于位，重利不足以变其心。（汉·刘向《战国策·赵策》）

句解：在暴力威胁面前不改变气节，在重利诱惑之下不改变操守。

原文：恶小耻者，不能立荣名。（汉·刘向《战国策·齐策六》）

句解：不能忍受小耻辱的人，就不能建立荣耀的名誉。

原文：见利不动，临死不恐。（汉·刘向《新序·义勇》）

句解：面对利益无所动心，面临死亡毫不畏惧。

原文：上智不贵难得之财。（晋·葛洪《抱朴子·外篇·安贫》）

句解：最大的智慧是不看重难得之货。

原文：俗人贪荣好利，汲汲名利，以己之心，远忖昔人。（晋·葛洪《抱朴子·内篇·论仙》）

句解：世俗之人，贪图荣华富贵，喜好物质利益，迫切的追逐名位和利益，以自已的私心揣度古代的圣贤。

原文：子曰："或安而行之，或利而行之，或畏而行之，及其成功，一也。稽德则远。"（隋·王通《文中子中说·王道篇》）

句解：文中子说："有的人为快乐而行事，有的人为利益而行事，有的人因为畏惧而行事，一旦成功原因都是相同的。假如认真衡量，那么他们的品德就相差甚远了。

原文：子曰："仁者，吾不得而见也，得见智者，斯可矣。智者，吾不得而见也，得见义者，斯可矣。如不得见，必也。（隋·王通《文中子中说·王道篇》）

句解：文中子说："所谓品德高尚的人我没见过，能够见到拥有智慧的人也就满足了。而智慧的人我也没见过，能够见到侠义的人也就满足了。假如两者都无缘见到，这也是很有可能的。"

原文：子曰："闻难思解，见利思避，好成人之美，可以立矣。"（隋·王通《文中子中说·魏相篇》）

句解：文中子说："听到困难就思考解决的办法，见到利益就考虑谦让，喜好成人之美，就可以在社会上安身立命了。"

原文：仇璋问："君子有争乎？"子曰："见利争让，闻义争为，有不善争改。"（隋·王通《文中子中说·魏相篇》）

句解：仇璋问："君子有争的行为吗？"文中子回答道："见到利益就争着谦让，听到道义就争着去做，发现有错误就争着改正。"

原文：子曰："火炎上而受制于水，水趋下而得志于火。故君子不欲多上人。"（隋·王通《文中子中说·魏相篇》）

句解：文中子说："火焰居于上却被水所控制，水向下流却能抑制火焰，因此君子不求位居人上。"

原文：万民之从利，如水之走下。（汉·班固《汉书·董仲舒传》）

句解：天下万民趋从于利益，就像水向下流。

原文：士或有负俗之累而立功名。（汉·班固《汉书·武帝纪》）

句解：士大夫中有的人背负着世俗的拖累，而最终立下了功名。

原文：为国自重，为民自爱。（晋·陈寿《三国志·蜀书·许靖传》）

句解：为国家而自重，为民众而自爱。

原文：小屈大伸，存公忽私。（晋·陈寿《三国志·蜀书·郤正传》）

句解：以小弯曲而求大伸展，心存公义而忘掉私欲。

原文：小有所失而大有所全。（晋·陈寿《三国志·魏书·邓艾传附州泰传》）

句解：在小的方面有所损失，而在大的方面获得保全。

原文：简而不失，淡而不流。（唐·李延寿《南史·谢弘微传》）

句解：简易而不失礼仪，淡泊却不流于俗。

原文：富贵以约失之者鲜矣。（唐·李延寿《南史·齐高帝诸子传上》）

句解：富贵却能约束自己的人很少有遭受损失的。

原文：为官清廉亦可，安得全才。（元·脱脱《金史·世宗本纪下》）

句解：做官清廉就可以了，怎么可能完美无缺。

原文：为政不难，治气养心而已。（元·脱脱《金史·宗端俺传》）

句解：处理政事并不难，在于调理气息、修身养性而已。

原文：欲为君子，非积行累善，莫之能致。一念私邪，一事悖戾，立见其为小人。故曰：终身为善不足，一旦为恶有余。（宋·何坦《西畴常言·律己》）

句解：要想成为品德高尚的人，如果不能不断地积累善行，就不可能成为君子。即使心有一丝邪念和贪心，即使只有一件事违背道德，立即就能看出他是品德卑劣的人。所以说：终生做善事也是不够的，而偶然做了不道德的事也显得很多了。

原文：人生贵贱，各有赋分；君子处之，遁世无闷。（元·许名奎《劝忍百箴·贱之忍》）

句解：人生是富贵还是贫贱，都是上天所确定的，品德高尚的人处之泰然，虽然远离世道，隐世苦修，也没有愁闷的感觉。

原文：志不慑者，得于预备；胆易夺者，惊于猝至。（元·许名奎《劝忍百箴·变之忍》）

句解：气节，不因威胁而动摇的人，在于事先拥有严密的准备，胆量容易丧失的人，在突然到来的变故面前，往往显得惊慌失措。

原文：盖小之事大多忤，贵之视贱多怒。古之君子，盛德弘度，人有

不及，可以情恕。（元·许名奎《劝忍百箴·忤之忍》）

句解：地位低贱的人服侍地位高贵的人，往往多有抵触。地位高贵的人，对待地位低下的人往往多有恕容。古时的君子，品德高尚、宽宏大量，即使别人有过失，他们也能予以体谅和宽恕。

原文：伯益有满招损之规，仲虺有志自满之戒。夫以禹汤之盛德，犹惧满盈之害。（元·许名奎《劝忍百箴·满之忍》）

句解：伯益有自满就会招致失败这样的规诫。仲虺也有关于骄傲自满的训诫，即使像大禹和商汤这些具有高尚道德的贤人，也对自满的危害心存恐惧。

原文：名病太高，才忌太露。自古为然，于今为甚。（明·吴从先《小窗自纪》）

句解：名声以太大为病，才能以太露为忌。自古以来就是如此，如今更是这样。

原文：宇宙虽宽，世途渺如鸟道；征逐日甚，人情浮比鱼蛮。（明·吴从先《小窗自纪》）

句解：茫茫宇宙虽然宽广无垠，人生之路却前途渺茫；追逐名利日甚一日，人情飘忽就像渔民驾的小舟一样。

原文：懒散二字，立身之贼也。（明·吕坤《呻吟语·省察》）

句解：懒和散这两种行为，是人生安身立命的大忌。

原文：言语之恶，莫大于造诬，行事之恶，莫大于苛刻；心术之恶，莫大于深险。（明·吕坤《呻吟语·补遗》）

句解：最恶毒的语言就是无中生有，诬陷重伤的语言；最恶劣的行为，就是待人严厉刻薄；最恶毒的心术，就是居心险恶，故意害人。

原文：心体光明，暗室中有青天；念头暗昧，白日下有厉鬼。（明·洪应明《菜根谭·六十五》）

句解：心中光明磊落，即使在暗室中也是一片光明，为人阴暗龌龊，即使在光天化日之下也仿佛有厉鬼。

原文：德者事业之基，未有基不固而栋宇坚久者；心者后裔之根，未

有根不植而枝叶荣茂者。（明·洪应明《菜根谭·一五六》）

句解：道德修养是事业的基础，从来没有基础不牢而房屋却十分坚固的，心性是子孙继承的根本，从来没有根本不植而枝叶繁茂的大树。

原文：盖世的功劳，当不得一个矜字；弥天的罪过，当不得一个悔字。（明·洪应明《菜根谭·十八》）

句解：取得极大的功劳，也抵挡不住骄傲；犯下弥天大罪，也抵挡不住悔过。

原文：福不可邀，养喜神以为招福之本；祸不可避，去杀机以为远祸之方。（明·洪应明《菜根谭·七十》）

句解：福气不能刻意求取，要保持乐观开朗的心情，作为招来福气的根本，祸患不能回避，抛弃凶恶的念头，作为躲避祸患的方法。

原文：士大夫气易动，心易迷，专为立界墙，全体面，六字断送一生。夫不言堂奥而言界墙，不言腹心而言体面，皆是向外事也。（明·陈继儒《安得长者言》）

句解：士大夫的心气容易轻浮躁动，思想容易执迷不悟，一心只顾及门派和面子，结果被“立界墙，全体面”这六个字断送了一生。不谈论深奥的学问而只讲究保护门派，不谈论思想而只追求体面，这都是追求虚荣的事。

原文：一念之善，吉神随之；一念之恶，厉鬼随之。知此可以役使鬼神。（明·陈继儒《安得长者言》）

句解：一个行善之念，就会得到吉神保佑；一个为恶之念，就会招来厉鬼纠缠。明白这个道理，就能驱神遣鬼。

原文：大豪杰，舍己为人，小丈夫，因人利己。（明·陈继儒《小窗幽记·齐卷》）

句解：品德高尚的人牺牲自己利益，保全别人利益；品德卑鄙的人，借助别人以谋求自己的利益。

原文：名利坏人，三尺童子皆知之。但好利之弊，使人不复顾名；而好名之过，又使人不复顾君父。世有妨亲命以洁身，讪朝廷以卖直者，是

可忍也，孰不可忍也？（明·陈继儒《安得长者言》）

句解：名和利对人有极大的危害，这是三尺孩童都明白的道理。但是追求利益的弊端，往往使人不顾及名誉；而过分追求虚名，又会使人不再考虑君臣父子之间的伦理。世上有谋害双亲性命却假充孝敬的人，也有讽刺朝廷来以假充耿直的人，如果这种事都能容忍，那么还有什么事不能容忍呢？

原文：夫衣食之言甚广，而人每营营苟苟以狭其生；逍遥之路甚长，而人每波波急急以促其死。（明·陈继儒《安得长者言》）

句解：谋求衣食的办法本来很多，但有些人却蝇营狗苟从而使人生的胸怀变得狭隘；逍遥自在的人生之路极其漫长，但有些人却每天疯狂逐利从而加速自己的死亡。

原文：以货财害子孙，不必操戈入室；以学校杀后世，有如按剑伏兵。（明·陈继儒《小窗幽记·奇卷》）

句解：用财富去伤及子孙，就不必拿着兵器去攻击他们，用学校谋杀后人，就仿佛等待着发动攻击的伏兵一样。

原文：忍到熟处则忧患消，淡到真时则天地赘。（明·陈继儒《小窗幽记·豪卷》）

句解：忍耐到习惯的程度，忧患就消失了，冷淡到进入骨髓，那么天地都是多余的。

原文：君子不可以不忍也，忍欲则不屈于物，忍剧则不扰于事，忍挠则不折于势，忍穷则不苟于进。故曰必有忍，其乃有济。（明·薛应旂《薛方山纪述》）

句解：君子不能不具有忍耐的品性，能够克制欲望就不会屈服于欲望，能够适应变化就不会被俗事所干扰，能够忍受权势就不会被权贵所迫害，能够忍受贫穷就不会被钻营所俘虏。因此说必须具备极强的忍耐力，才能取得较大的成功。

原文：君子存心但凭忠信，而妇孺皆敬之如神，所以君子落得为君子。小人处世尽设机关，而乡党皆避之若鬼，所以小人枉做了小人。

（清·王永斌《围炉夜话·卷一》）

句解：品德高尚的人为人处事只求诚实守信，所以妇人、小孩都对他敬若神明，这就是君子所以被称为君子的原因，品德卑劣的人为人处事处处设置圈套，相邻亲友都远离他，视他为魔鬼，这就是品德卑劣的人，枉费心机，只能做小人的缘故。

原文：清心省事，为官切要，且有无限之乐。（明·薛瑄《从政录》）

句解：清心寡欲、做事简洁，是为官的重要原则，而且有无穷的乐趣。

原文：作官常知不能尽其职，则过人远矣。（明·薛瑄《从政录》）

句解：居于官位的人若是经常觉得自己的能力不能胜任，那么他就已经远远超过一般人了。

原文：圣贤成大事业者，从战战兢兢之小心来。（明·薛瑄《从政录》）

句解：所有成就了伟大事业的古代圣贤，都是从小心谨慎、谨小慎微中获得成功的。

原文：圣人子民之心，无时而忘。（明·薛瑄《从政录》）

句解：圣明君主的爱民之心，时时刻刻不会忘怀。

原文：防小人密于自修。（明·薛瑄《从政录》）

句解：提防小人之心远远重于自我修养。

原文：寡欲故静，有主则虚。（清·金缨《格言联璧·存养类》）

句解：清心寡欲，所以能沉静，内心有主见，处事则虚心。

原文：能容小人，是大人。能培薄德，是厚德。（清·金缨《格言联璧·接物类》）

句解：能宽容小人的人，是心胸广大的人。能培养品行较差的人，是品德高尚的人。

原文：洁己方能不失己，爱民所重在亲民。（清·金缨《格言联璧·从政类》）

句解：洁身自好才能不失本性，爱护民众最重要的是与民众亲近。

原文：莫轻视此身，三才在此六尺。莫轻视此生，千古在此一日。（清·金缨《格言联璧·持躬类》）

句解：不要轻视自己的身体，所有的才能都在六尺之身。不要轻视自己的一生，人生都在每日之中。

原文：怒是猛虎，欲是深渊。忿如火，不遏则燎原。欲如水，不遏则滔天。（清·金缨《格言联璧·存养类》）

句解：愤怒，如同猛虎，欲望仿佛深渊。愤怒如同火苗，不加遏制，就会熊熊燃烧。欲望仿佛洪水，不加遏制，就会恶浪滔天。

原文：困辱非忧，取困辱为忧。荣利非乐，忘荣利为乐。（清·金缨《格言联璧·持躬类》）

句解：处于困苦屈辱之中，并非忧虑之事，自取困辱，才是忧虑。名利双收，并非快乐之事，抛弃名利，才是快乐。

原文：不教不学，闷然不见己缺。（唐·韩愈《应科目时与人书》）

句解：不经常教育别人又不努力学习，囿于自身就不能发现自己的缺点。

原文：不思，故有惑；不求，故无得；不问，故不知。（宋·晁说之《晁氏客语》）

句解：不思考，所以迷惑，不请教，所以无所获；不提问，所以无所知。

原文：技无大小，贵在能精。（清·李渔《闲情偶寄·结构》）

句解：才能不分大小，最重要的是专精。

原文：不能受谏，安能谏人。（清·钱大昕《十驾斋养新录·通鉴多采善言》）

句解：不能接受别人的批评，怎能批评别人呢？

原文：少欲则易足，易足则身心安乐。（清·冯班《钝吟杂录·家戒下》）

句解：欲望少就容易知足，容易知足就会身心安乐。

原文：天下稍安，尤须兢慎，若便骄逸，必至丧败。（唐·吴兢《贞

观政要·政体》)

句解：国家稍稍安定之时，尤其要战战兢兢、谨小慎微，如果从此陷入骄奢淫逸之中，就必定会走向衰败和灭亡。

原文：见善思齐，足以扬名不朽；闻恶能改，庶得免乎大过。（唐·吴兢《贞观政要·教戒太子诸王》)

句解：看到别人有长处就加以学习，这样就足以使自己扬名不朽；听到别人批评自己就予以改正，这样就能避免大的过错。

原文：耻辱者，勇之决也；立名者，行之极也。（汉·司马迁《报任安书》)

句解：对待耻辱的态度，是衡量勇敢的标准；树立良好的名声，是最高的行为准则。

原文：天有常度，地有常形，君子有常行。（汉·东方朔《答客难》)

句解：上天有不变的规律，大地有不变的形状，君子有不变的操守。

原文：石可破而不可夺坚，丹可磨而不可夺赤。（三国魏·曹丕丕《再让符命令》)

句解：石头可以被打碎，却不能改变其坚硬的本性，丹砂可以被磨碎，却不能改变其鲜红的颜色。

原文：见人而不自见者，谓之矇。（三国·魏·徐干《中论·修本》)

句解：只能看到别人的缺点，却看不到己的缺点，这种人就叫做蒙昧。

原文：平生莫邪剑，不报小人仇。（唐·张祜《书愤》)

句解：平生这把莫邪宝剑，不屑于向猥琐的小人报仇。

原文：人之大节一亏，百事涂地。（唐·刘因《辋川图记》)

句解：人生高尚的品德一旦被玷污，所有的事情都会一败涂地。

原文：不可为不义屈。（唐·韩愈《张中丞传后叙》)

句解：不能在邪恶的威胁下而屈服。

原文：不曲道以媚时，不诡行以徼名。（唐·魏征《群书治要·政论》)

句解：不做不道德的事来取悦世俗，不用欺骗的手段来求名索誉。

原文：君子虽殒，善名不灭。（唐·武则天《臣轨下·诚信章》）

句解：品德高尚的人即使去世了，他的美名也不会消失。

原文：见难而无苟免之心。（唐·魏征《群书治要·体论》）

句解：为国家献身面对灾难时，不能心存侥幸之心。

原文：穷且益坚！不坠青云之志。（唐·王勃《滕王阁序》）

句解：在艰难的困境中信心更要坚定，不丧失远大的志向。

原文：去民之患，如除腹心之疾。（宋·苏辙《上皇帝书》）

句解：消除百姓的祸患，仿佛除掉自己身上的疾病。

原文：薄我货者，欲与我市者也，訾我行者，欲与我友者也。（宋·崔敦礼《刍言·卷下》）

句解：贬低我货物的人，是真心想买我的货，批评我过错的人，是想和我成为朋友。

原文：此身尚未死，仁义尚力行。（宋·陆游《读叔党汝州北山杂诗次其韵》）

句解：如果生命还在，就要力行仁义。

原文：大丈夫见善明，则重名节如泰山；用心刚，则轻死生如鸿毛。（宋·林逋《省心录》）

句解：英雄豪杰见善明理，视名节如泰山一样重；用心刚毅，视生死如鸿毛一样轻。

原文：上好利则下多盗。（宋·崔敦礼《刍言·卷上》）

句解：如果居上位的人贪图私利，那么居下位的人就会有许多盗贼。

原文：枉士无正友。（宋·张商英《素书·六》）

句解：心术不正的人，不会有品行正直的朋友。

原文：君子过如日月之蚀，彰于四海，安得而隐之。（宋·李昉《太平御览》）

句解：品德高尚的人所犯的错误，如同日蚀月蚀，彰显于天下，怎么能隐瞒得住呢？

原文：财贿不以动其心，爵禄不以移其志。（明·罗贯中《三国演义·第二十七回》）

句解：钱财贿赂不能动摇心志，官爵俸禄不能改变气节。

原文：自古奇人伟士，不屈折于忧患，则不足以成其学。（明·方孝孺《答许廷慎书》）

句解：自古以来，所有杰出人物不经过忧患的磨炼，就不能成就他的学说。

原文：不伐功斯巨，惟谦道乃光。（清·高鹗《扑满》）

句解：不居功自傲才算是大功劳，只有为人谦虚，道德才能发扬光大。

原文：继往开来，舍我其谁？（清·李宝嘉《官场现形记·第一回》）

句解：继承前人的伟业，开辟未来的道路，除去我还会有谁呢？

原文：君子不矜己善，而乐扬人善。（清·申居郧《西岩赘语》）

句解：品德高尚的人不夸耀自己的优点，而乐于宣扬别人的长处。

四 伦理智慧

伦理既人伦规范。每个人在日常生活中，都必须遵守被社会普遍认可的伦理准则。遵守伦理准则，负起自己的责任，就能使行为符合规范，就能心安理得地享受快乐。一旦违背伦理准则，就会为自己招来不幸和痛苦。至于那些肆意践踏伦理准则的败类，与禽兽无异，等待他们的必然是万劫不复的深渊。

原文：女正位乎内，男正位乎外，男女正，天地之大义也。家人有严君焉，父母之谓也。（《易经·家人·象》）

句解：

女人主持家内之事，男人主持家外之事，男女地位适宜得体，是天地间的大道理。所谓一家之中有严明的君主，指的就是父母。

原文：积善之家，必有余庆；积不善之家，必有余殃。（《易经·坤·文言》）

句解：积累善行的家庭，一定有无穷无尽的吉祥；积累恶行的家庭，一定有无穷无尽的灾祸。

原文：君子敬以直内，义以方外，敬义立而德不孤。（《易经·坤·文

言》）

句解：君子恭敬谨慎用来促进内心的正直，行事适宜用来促使外表的端庄，能够做到恭敬谨慎、行事适宜，就能德行广布而不会陷入孤立之中。

原文：妻子好合，如鼓瑟琴。（《诗经·小雅·常棣》）

句解：与妻子情投意合，仿佛弹奏琴瑟一样美妙。

原文：兄弟阋于墙，外御其务。（《诗经·小雅·常棣》）

句解：兄弟之间尽管在家中会发生摩擦，但是共同抵御外人的欺凌。

原文：德惟治，否德乱。（《尚书·太甲下》）

句解：只有以道德治理天下，才能天下太平；如果不以道德治理天下，天下就会大乱。

原文：德无常师，主善为师。（《尚书·咸有一德》）

句解：道德没有固定的老师，以善行为主就是老师。

原文：皇天无亲，惟德是辅。（春秋·左丘明《左氏春秋·僖公五年》）

句解：上天不偏袒任何人，只帮助品德高尚的人。

原文：孝，礼之始也。（春秋·左丘明《左氏春秋·文公二年》）

句解：孝道是礼仪的开端。

原文：礼，身之干也；敬，身之基也。（春秋·左丘明《左氏春秋·成公十三年》）

句解：礼仪是安身立命的根本，恭敬是安身立命的基础。

原文：敬在养神，笃在守业。（春秋·左丘明《左氏春秋·成公十三年》）

句解：恭敬取决于供奉神灵，笃实取决于守住本业。

原文：民受天地之中以生，所谓命也。是以有动作礼义威仪之则，以定命也。（春秋·左丘明《左氏春秋·成公十三年》）

句解：民众由于天地的中和之气而降临人世，这就是命。所以形成了行为的礼义和威仪的法则，用来规定保持人的生命。

原文：能者养之以福，不能者败以取祸。（春秋·左丘明《左氏春秋·成公十三年》）

句解：有能力的人遵循礼法而获得幸福，没有能力的人败坏礼法而自取灾祸。

原文：君子勤礼，小人尽力。（春秋·左丘明《左氏春秋·成公十三年》）

句解：品德高尚的人勤勉遵礼，品德低劣的人竭尽力量。

原文：善人富谓之赏，淫人富谓之殃。（春秋·左丘明《左氏春秋·襄公二十八年》）

句解：善良的人富有叫做奖赏，淫邪的人富有叫做祸患。

原文：礼，上下之纪，天地之经纬也，民之所以生也，是以先王尚之。故人之能曲直以赴礼者，谓之成人。（春秋·左丘明《左氏春秋·昭公二十五年》）

句解：礼是上与下的纲纪，是天与地的准则，民众依靠他才能生存，因此先代君王都尊崇它。所以能通过后天修养或直接达到礼义的，就叫做完美的人。

原文：甚美必有甚恶。（春秋·左丘明《左氏春秋·昭公二十八年》）

句解：极其美丽的一定有极其丑恶的一面。

原文：夫有尤物，足以移人，苟非德义，则必有祸。（春秋·左丘明《左氏春秋·昭公二十八年》）

句解：拥有了绝代佳人，就足以使人改变品性，如果不是德义兼备的人，就一定会遭遇灾祸。

原文：婚姻，祸福之阶也。（春秋·左丘明《国语·周语中》）

句解：婚姻大事是决定人生祸福的关键。

原文：礼者君之大柄也。（《礼记·礼运》）

句解：礼义是君主治理国家的权柄。

原文：治人之道，莫急于礼。（《礼记·祭统》）

句解：治理百姓的方法，没有比礼义更为急迫的。

原文：国不以利为利，以义为利也。（《礼记·大学》）

句解：国家不以物质利益为根本利益，而以道义为根本利益。

原文：用器不中度，不粥于市。（《礼记·王制》）

句解：日常生活中的用品，如果不符合规格，就不允许在市场上买卖。

原文：亲亲、尊尊、长长、男女之有别，人道之大者也。（《礼记·丧服小记》）

句解：孝敬父母、尊敬尊贵的人、尊重长者、男女有别，是人间最重要的道理。

原文：孝者，畜也。顺于道，不逆于伦，是之谓畜。（《礼记·祭统》）

句解：所谓孝就是顺从的意思，符合行事规范，不违背道德伦理，就叫做顺从。

原文：钓名之士，无贤士焉。（春秋·管仲《管子·法法)》）

句解：沽名钓誉的人是没有道德的人。

原文：谛毫末者，不见天地之大；审小音者，不闻雷霆之声。（春秋·关尹《关尹子·九乐篇》）

句解：只看毫末的人不能看到天地的广大，只听微音的人不能听到雷霆的震撼。

原文：大人之言必有信，有信而真，何往不成。（春秋·辛妍《文子·上德》）

句解：品德高尚的人说话一定拥有诚信，如果拥有诚信就必定真实，那么还有什么事情不能成功呢？

原文：老子曰：“以不义而得之，又不布施，患及其身，不能为人，又无以自为，可谓愚人。”（春秋·辛妍《文子·微明》）

句解：老子说：“以不义的手段而获得又不施予，祸患就会降临，既不能为别人谋利，也不能使自己获利，可以说这样的人是愚蠢的人。”

原文：君子虽死亡，其名不灭；小人虽得势，其罪不除。（春秋·辛妍《文子·上义》）

句解：君子即使死亡，其名节也不会泯灭；小人尽管得势，其罪恶也不能消除。

原文：祸之至也，人自生之，福之来也，人自成之。（春秋·辛妍《文子·微明》）

句解：祸患的来临，是人自己造成的；福运的来临，是人自己成就的。

原文：福至祥存，祸至祥先。见祥而不为善，则福不来；见不祥而行善，则祸不至。（春秋·辛妍《文子·微明》）

句解：福运来临之前必有先兆，祸患来临之前必有先兆。见到福运的先兆而不行善，那么福运就不会到来，见到祸患的先兆而行善举，那么祸患就不会到来。

原文：曾子曰："父母爱之，喜而不忘；父母恶之，惧而无咎。"（战国·尸佼《尸子·劝学》）

句解：曾子说："父母爱自己，自己心中欢喜却不忘记父母的恩爱，父母厌恶自己，自己心中惧怕却不怪罪父母。

原文：夫德义也者，视之弗见，听之弗闻，天地以正，万物以遍，无爵而贵，不禄而尊也。（战国·尸佼《尸子·劝学》）

句解：品德和道义看它看不到，听它听不见，天地因它而恒久，万物因它而滋生，人不受爵位而高贵，不求厚禄而尊崇。

原文：屋焚而人救之，则知德之；年老者使涂隙戒突，终身无失火之患，而不知德也。入于囹圄、解于患难者，则三族德之；教之以仁义慈悌则终身无患，而莫之德。（战国·尸佼《尸子·贵言》）

句解：屋子失火之后，人们前来救火则知道感谢那些前来救火的人，而年老的人让他堵住烟囱的缝隙，不要让烟囱太直太低，那么就可以终身不会遭遇失火的灾难，他却不知道感谢这样的老人。身陷囹圄之后有能救他走出牢狱的人，全家所有人都会感谢，但犯罪之前以仁义慈悌教诲他的人，可以使他终身无牢狱之灾，却没有人感谢这样的人。

原文：取人者必畏，与人者必骄。（战国·尸佼《尸子·明堂》）

句解：向人有所索取，态度一定敬畏；向人有所施予，态度一定傲慢。

原文：是非不得尽见谓之蔽，见而弗能知谓之虚，知而弗能赏谓之纵，三者乱之本也。（战国·尸佼《尸子·发蒙》）

句解：是与非，不能彻底看清，就叫蒙蔽。尽管看清了，却不知其原因，就叫虚妄，虽然知道原因，却不能采取赏罚的措施，就叫放纵。这三个方面就是病乱的根源。

原文：明分则不蔽，正名则不虚，赏贤罚暴则不纵，三者治之道也。（战国·尸佼《尸子·发蒙》）

句解：明确名分，就不会蒙蔽，确定名分，就不会虚妄。赏贤惩凶，就不会放纵，这三个方面，就是安定的根本原则。

原文：因井中视星，所视不过数星；自丘上以视，则见其始出，又见其入。非明益也，势使然也。夫私心，井中也；公心，丘上也。故智载于私，则所知少；载于公，则所知多矣。（战国·尸佼《尸子·广泽》）

句解：在井中看星星，所看到的不过几颗而已；在高丘上看星星，能够看见星星出现，又能看见星星消失，这不是因为眼力有所增加，而是地势不同，才使他这样的。私心，如同在井中看星星，而公心则像在高丘上看星星。如果智慧用在私心上，那么所知道的就很少；如果用于公心上，那么所知道的就很多了。

原文：父母唯其疾之忧。（《论语·为政》）

句解：父母仅为子女的健康担忧。

原文：今之孝者，是谓能养。至于犬马，皆能有养；不敬，何以别乎？（《论语·为政》）

句解：如今的所谓孝子，只要能养活父母就可以了。甚至于狗和马都能得到饲养；不对父母恭恭敬敬，跟狗和马怎样区分呢？

原文：夫仁者己欲立而立人，己欲达而达人。（《论语·雍也》）

句解：仁义的人自已想站得住，也要让别人站得住，自已想通达也要让别人通达。

原文：家必自毁，而后人毁之。（战国·孟轲《孟子·离娄上》）

句解：一个家庭只有自己先去诋毁，然后别人才会去诋毁。

原文：其耆欲深者，其天机浅。（战国·庄周《庄子·大宗师》）

句解：嗜好和欲望过深的人，天生的智慧就会很浅。

原文：一尺之捶，日取其半，万世不竭。（战国·庄周《庄子·天下》）

句解：一尺长的木杖，每天取一半，永远也取不尽。

原文：人不以善言为贤。（战国·庄周《庄子·徐无鬼》）

句解：人不是因为巧言善辩而成为道德高尚的人。

原文：道之真，以治身，其绪余，以为国家。（战国·庄周《庄子·让王》）

句解：道的真谛，在于治理身心，再以余力治理天下。

原文：道有情有信，无为无形。（战国·庄周《庄子·大宗师》）

句解：道是有情感有信念的，道没有作为没有形状。

原文：盗名不如盗货。（战国·荀况《荀子·不苟》）

句解：盗取名誉还不如盗取财货。

原文：情貌之变，足以别吉凶。（战国·荀况《荀子·礼论》）

句解：根据神情容貌的变化，就足以分辨是吉祥还是灾祸。

原文：君子之学也以美其身，小人之学也以为禽犊。（战国·荀况《荀子·劝学》）

句解：君子所学是为了提高自身高尚的品德，小人所学是为了像禽犊一样邀宠于人。

原文：积土而为山，积水而为海。（战国·荀况《荀子·儒效》）

句解：只有积累细土，才能成为高山。只有积累细流，才能成为江海。

原文：君子能为可贵，不能使人必贵己；能为可信，不能使人必信己；能为可用，不能使人必用己。（战国·荀况《荀子·非十二子》）

句解：君子能做到难能可贵的事，但不能强迫别人必须敬重自己；能够做到诚实可信，但不能强迫别人必须相信自己；能够做到承担责任，但不能强迫别人必须任用自己。

原文：去规矩而妄意度，奚仲不能成一轮。（战国 · 韩非《韩非子 · 用人》）

句解：抛弃规矩而随意度量，即使奚仲那样的造车能手，也无法造出一个轮子。

原文：赏不加于无功，罚不加于无罪。（战国 · 韩非《韩非子 · 难一》）

句解：没有功劳的人不能奖赏，没有罪过的人不能惩罚。

原文：赏罚不信，则禁令不行。（战国 · 韩非《韩非子 · 外储说左上》）

句解：奖赏和惩罚如果不守信用，那么禁令就不会得到施行。

原文：万物必有盛衰，万事必有弛张。（战国 · 韩非《韩非子 · 解老》）

句解：世间万物必定有盛有衰，人间万事必定有张有弛。

原文：饥岁之春，幼弟不饷。（战国 · 韩非《韩非子 · 五蠹》）

句解：在饥荒的年月，即使对幼小的弟弟也舍不得为他提供食物。

原文：见瓶水之冰而知天下之寒。（秦 · 吕不韦《吕氏春秋 · 慎大览 · 察今》）

句解：看见瓶中的水已然结冰，就能知道天气已经非常寒冷了。

原文：去其害之者，故所欲必得，所恶必除，此功名之所以立也。（秦 · 吕不韦《吕氏春秋 · 不苟论 · 博志》）

句解：远离危害的人所希望的必能得到，所厌恶的必能除去，这是功名得以确立的原因。

原文：全则必缺，极则必反。（秦 · 吕不韦《吕氏春秋 · 不苟论 · 博志》）

句解：完美就一定会有缺点，事物达到极限，就会向相反的方面转化。

原文：一则治，两则乱。（秦 · 吕不韦《吕氏春秋 · 审分览 · 执一》）

句解：法令统一就能治理好国家，法令不统一就会导致国家动乱。

原文：力贵突，智贵卒。（秦·吕不韦《吕氏春秋·开春论·贵卒》）

句解：用力贵在突发，运智贵在迅速。

原文：喜怒者，道之邪也。（汉·刘安《淮南子·原道训》）

句解：心中常有喜怒之情是偏离道的。

原文：积于柔则刚，积于弱则强；观其所积，以知祸福之乡。（汉·刘安《淮南子·原道训》）

句解：保持阴柔的态度就会刚毅，保持弱小的态度就会强大；观察所采取的态度就能知道将来的结果是祸是福。

原文：急辔数策者，非千里之御也。（汉·刘安《淮南子·缪称训》）

句解：把勒马的缰绳收得过紧，又频频鞭打马匹，这不是要行千里之途的驭马方法。

原文：君子修美，虽未有利，福将在后至。（汉·刘安《淮南子·修务训》）

句解：君子努力提高品德修养，尽管眼前未能见到利益，但福运不久之后就会到来。

原文：见虎一文，不知其武，见骥一毛，不知善走。（汉·刘安《淮南子·说林训》）

句解：只看到虎身上的一道斑纹，不会知道老虎的凶猛，只看到骏马身上的一根毫毛，无法了解骏马善于奔跑。

原文：力贵齐，知贵捷。（汉·刘安《淮南子·说山训》）

句解：力量以齐心协力为贵，智慧以思维敏捷为贵。

原文：力胜其任，则举之者不重也。（汉·刘安《淮南子·主术训》）

句解：力量足以胜任，那么把重物举起来也不会觉得沉重。

原文：积薄为厚，积卑为高，故君子日孳孳以成辉。（汉·刘安《淮南子·缪称训》）

句解：积累微薄以为雄厚，积累卑微以为崇高，君子日日不懈积累，所以才能成为高尚的人。

原文：天地之性，人为贵。（汉·王充《论衡·别通》）

句解：天地间所有的生命，人是最高贵的。

原文：天道自然，自然无为。（汉·王充《论衡·寒温》）

句解：天道是顺应自然的，因此而处于无为状态。

原文：日光照室内，道术明胸中。（汉·王充《论衡·别通》）

句解：阳光照亮室内，道德照亮内心。

原文：哀乐之情，恕以及人。（汉·王符《潜夫论·救边》）

句解：无论悲哀还是欢乐，都要将心比心地推己及人。

原文：土积而成山阜，水积而成江海，行积而成君子。（汉·桓宽《盐铁论·执务》）

句解：土不断积累，水不断积累，德行不断积累则可以成为品德高尚的人。

原文：父母之爱子，则为之计深远。（汉·刘向《战国策·赵策四》）

句解：为人父母者如果真正爱自己的孩子，就要为孩子做出长远的计划。

原文：德行者本也，文章者末也。（晋·葛洪《抱朴子·外篇·文行》）

句解：品德是人生的根本，文章是人生的末节。

原文：道也者，所以陶冶百氏，范铸二仪，胞胎万类，酝酿彝伦者也。（《抱朴子·内篇·明本》）

句解：道，是用来教化人民，铸造天地，养育万物，培养人与人之间关系准则的。

原文：夫道者，内以治身，外以为国。（晋·葛洪《抱朴子·内篇·明本》）

句解：道，内可以修身养性，外可以治国安邦。

原文：夫生我者父也，娠我者母也，犹不能令我形器必中适，姿容必妖丽，性理必平和，智慧必高远，多致我气力，延我年命。（晋·葛洪《抱朴子·内篇·塞难》）

句解：给我生命的是父亲，抚育我成人的是母亲，而父母并不能使我的身体一定适中，容貌一定美丽，性格一定平和，智慧一定高远，也不能更多的富于我力量，延长我的年龄。

原文：夫有道者，视爵位如汤镬，见印绶如缞绖，视金玉如土粪，睹华堂如牢狱。（晋·葛洪《抱朴子·内篇·论仙》）

句解：在得道的人眼中，爵位就像是用来惩罚犯人的装满了滚烫的水的鼎，官印上的丝带仿佛是服丧人身上的麻布条和麻布袋，金银和宝玉仿佛是粪土，富丽堂皇的殿堂仿佛是监狱。

原文：所以贵道者，以其加之不可益，而损之不可减也。所以贵德者，以其闻毁而不惨，见誉而不悦也。（晋·葛洪《抱朴子·内篇·塞难》）

句解：人们之所以尊崇道德，在于增加道德而不因为满足而外溢，不会因为减少而损失。人们之所以崇尚道德，在于有德的人听到诋毁而不悲哀，获得赞誉而不欣喜。

原文：子曰："君子服人之心，不服人之言；服人之言，不服人之身。服人之身，力加之也。君子以义，小人以力。难矣夫！"（隋·王通《文中子中说·立命篇》）

句解：文中子说："君子敬服人心时，并不敬服人的语言，敬服人的语言时，并不敬服人的地位；敬服居于高位的人，是由于外力强大。君子行事以仁义为标准，小人行事以强力为标准。这是祸患啊！"

原文：子曰："小人不激不励，不见利不劝。"（隋·王通《文中子中说·王道篇》）

句解：文中子说："品德卑劣的人不振作、不勤奋，看不到利益就不会采取行动。

原文：子曰："爱名尚利，小人哉！未见仁者而好名利者也。"（隋·王通《文中子中说·问易篇》）

句解：文中子说："喜好名声、尊崇利益的人，是小人啊！没有见过拥有高尚品德的人喜好名声、追求利益的。"

原文：文中子曰："凝滞者，智之蝥也；忿憾者，仁之螣也；纤吝者，义之蠹也。"（隋·王通《文中子中说·魏相篇》）

句解：文中子说："固执拘泥是智慧的蟊贼，忿怒遗憾是仁德的螣虫，胆怯吝啬是道义的蛀虫。"

原文：子曰："君子先择而后交，小人先交而后择。故君子寡尤，小人多怨，良以是夫?"（隋·王通《文中子中说·魏相篇》）

句解：文中子说："交友时君子先选择而后交往，小人却先交往而后选择。所以君子犯错少，小人怨恨多，的确如此啊!"

原文：子曰："恶衣薄食，少思寡欲，今人以为诈，我则好诈焉。不为夸衒，若愚似鄙，今人以为耻，我则不耻也。"（隋·王通《文中子中说·事君篇》）

句解：文中子说："衣食简单，少思寡欲，当今的人认为是虚伪，而我却喜好这种所谓的虚伪。不自我炫耀，似乎愚蠢浅薄，当今的人认为是耻辱，我却不认为这是耻辱。"

原文：子曰："处贫贱而不慑，可以富贵矣"（隋·王通《文中子中说·问易篇》）

句解：文中子说："处身于贫贱之中，而坚韧不拔、不屈不挠的人，是可以达到富贵的。"

原文：或问君子。子曰："知微、知章、知柔、知刚。"曰："君子不器，何如?"子曰："此之谓不器。"（隋·王通《文中子中说·礼乐篇》）

句解：有人问什么是君子？文中子回答说："知道细微之事、知道鲜明之理、知道柔弱之性、知道刚强之气，就是君子。"又问："君子不器是怎么解释?"文中子回答说："以上几点就是君子不器。"

原文：子曰："君子不受虚誉，不祈妄福，不避死义。"（隋·王通《文中子中说·礼乐篇》）

句解：文中子说："品德高尚的人不接受不应得的荣誉，不祈求过分的福气，为追求道义不回避死亡。"

原文：文中子曰："其名弥消，其德弥长；其身弥退，其道弥进，此

人其知之矣。”（隋·王通《文中子中说·礼乐篇》）

句解：文中子说：“名声愈消弱，品德愈增长；身愈后退，德愈向前，这是人们都知道的道理。”

原文：子曰：“知之者不如行之者，行之者不如安之者。”（隋·王通《文中子中说·礼乐篇》）

句解：文中子说：“知道的人不如采取行动的人，采取行动的人不如安之若素的人。”

原文：子曰：“我未见谦而有怨，亢而无辱，恶而不彰者也。”（隋·王通《文中子中说·述史篇》）

句解：文中子说：“我没见过谦逊却满心怨恨，刚正却没有侮辱，邪恶却不明显表现出来的人。”

原文：小人徒见利，而不顾其害。（汉·司马迁《史记·赵世家》）

句解：小人只能看到利益，却不顾及危害。

原文：上下和同，贤者无所立功。（汉·司马迁《史记·滑稽列传》）

句解：君臣上下关系和睦、同心同德，优秀的人才就没有立功的机会了。

原文：子率而正，孰敢不正。（汉·司马迁《史记·平津侯主父列传》）

句解：您以端正的行为作为他人的表率，谁敢有不端正的言行。

原文：饥不苟食，寒不苟衣。（晋·陈寿《三国志·魏书·管宁传》）

句解：虽然饥饿却不苟且获得食物，虽然寒冷却不苟且获得衣物。

原文：圣人不以智轻俗。（晋·陈寿《三国志·魏书·刘廙传》）

句解：圣人不以智慧而轻视民俗。

原文：心之所诣，则善恶之本源。（唐·魏征等撰《隋书·刑法志》）

句解：内心所向往的境界，是善与恶的本源。

原文：无舟楫之功，有坚贞之操。（唐·魏征等撰《隋书·隐逸传》）

句解：隐居的人即使没有济世的能力，却有坚韧的节操。

原文：德胜才，谓之君子；才胜德，谓之小人。（宋·司马光《资治

通鉴·唐纪》）

句解：品德超过才能叫做君子，才能超过品德叫做小人。

原文：妄得之福，灾亦随焉；妄得之得，失亦继焉。（宋·杨时《二程集·论学篇》）

句解：凭不道德的手段获得的所谓“幸福”，灾祸也会随之而来，靠不道德的手段获得的财物，必然也会很快失去。

原文：义者，宜也。以之制事，义所当为，虽死不避；义所当诛，虽亲不庇；义所当举，虽仇不弃。（元·许名奎《劝忍百箴·义之忍》）

句解：所谓义，就是待人处事适宜合理，如果以义的标准和原则处理各种事物，并且按照义的规定去做，那么即使面对死亡，也不能逃避，按照义的规定，所应当诛杀的即使是自己的亲属，也不应庇护。按照义的规定，所应当举荐的，即使是仇人，也不应舍弃不荐。

原文：达人远见，不与物争。视利犹粪土之污，视权犹鸿毛之轻。污则欲避，轻则易弃。避则无憾于人，弃则无累于己。（元·许名奎《劝忍百箴·争之忍》）

句解：达观的人具有远见，不与他人争夺名利，他们看待利益，犹如看待粪土一样污浊，看待权力犹如鸿毛那样轻飘飘。遇到污浊之事，就想躲避，看待轻飘飘的东西，就容易抛弃，躲避对别人就不会感到遗憾，抛弃对自己就不会招来祸患。

原文：谁人不欲生，罔之生也，幸而免；自古皆有死，死得其所，道之善。（元·许名奎《劝忍百箴·死之忍》）

句解：哪个人不愿意活着呢？不道德的人活着，不过是苟且偷生而已，每个人都会死的，自古而然，只有死得有意义、有价值，才是合乎道义的。

原文：兄友弟恭，人之大伦。虽有小忿，不废懿亲。（元·许名奎《劝忍百箴·兄弟忍》）

句解：哥哥友爱，弟弟恭敬，这是人间基本的伦理，兄弟之间虽有小的意见，但仍然是手足之情。

原文：奋始怠终，修业之贼也；缓前急后，应事之贼也；躁心浮气，蓄德之贼也；疾言厉色，处众之贼也。（明·吕坤《呻吟语·补遗》）

句解：开始做事时，情绪高涨，事后便情绪消极，这是修习德业的大忌。做事时，开始缓慢，后来急躁，这种做法是做事的障碍，心浮气躁，对修养品德是非常不利的。语言尖刻，表情冷粗暴，是与人交往的大敌。

原文：不责人小过，不发人阴私，不念人旧恶，三者可以养德，亦可以远害。（明·洪应明《菜根谭·一〇五》）

句解：不责备他人小的过错，不揭露他人的隐私，不纠缠过去的积怨，保持这三种美德，可以提高自己的品德，也可以远离积怨。

原文：人之过误宜恕，而在己则不可恕；己之困辱宜忍，而在人则不可忍。（明·洪应明《菜根谭·一六五》）

句解：对他人的过失和错误，要宽恕和谅解，对自己的过失和错误，则不可轻易原谅；自己面临困难和屈辱时，要忍耐，但别人遭遇困难和屈辱时，则不能袖手旁观。

原文：士大夫不贪官，不受钱，一无所利济以及人，毕竟非天生圣贤之意。盖洁己好修，德也；济人利物，功也。有德而无功，可乎？（明·陈继儒《安得长者言》）

句解：士大夫不贪恋官位，不接受利禄，没有任何能力维持自身的生活，更不能帮助别人，这并不是圣贤所主张的修为。品行高洁、道德高尚，这叫做德；帮助他人、有益社会，这叫做功。只积累德行而不建功立业，这样可以吗？

原文：市恩不如报德之为厚，要誉不如逃名之为适，矫情不如直节之为真。（明·陈继儒《小窗幽记·醒卷》）

句解：要求别人报恩，没有报答别人的恩德更为厚道；沽名钓誉，没有逃避名誉更为适宜；伪装矫饰，没有直率坦诚对人更为真实。

原文：居盈满者，如水之将溢未溢，切忌再加一滴；处危急者，如木之将折未折，切忌再加一搦。（明·陈继儒《小窗幽记·醒卷》）

句解：处于盈满位置的人，仿佛水即将漫出，尚未漫出，不可再加一滴；处于危急局面的人，仿佛木头，即将折断，尚未折断，不可再压一下。

原文： 宁为真士夫，不为假道学。（明·陈继儒《小窗幽记·峭卷》）

句解： 宁可做真正有修养的人，也绝不做虚伪的人。

原文： 平民重德施惠，是无位之公卿；仕夫贪财好货，乃有爵的乞丐。（明·陈继儒《小窗幽记·峭卷》）

句解： 平民百姓如果能多行善举，广施恩惠，尽管并无官职，却是真正高贵的人；当官的人，如果贪财好货，就是戴着乌纱的乞丐。

原文： 惟俭可以助廉，惟恕可以成德。（明·陈继儒《小窗幽记·灵卷》）

句解： 只有勤俭才能帮助人保持清廉，只有宽恕才能使人培养良好的品德。

原文： 廉所以惩贪，我果不贪，何必标一廉名，以来贪夫之侧目。（明·陈继儒《小窗幽记·素卷》）

句解： 提倡清廉是惩治贪污的目的，如果我不贪污，又何必标榜廉明，以引来贪污者怨恨的目光呢？

原文： 一心可以交万友，二心不可以交一友。（明·陈继儒《小窗幽记·法卷》）

句解： 为人真诚，可以得到许多朋友，为人虚伪，就不会交到一个朋友。

原文： 君子之事亲也，显亲为上，其次悦亲，其次养亲，其次荣亲，其次逸亲。逸者力可能也，荣者贵可能也：养者富可能也，悦者贤可能也，非德能圣人，其孰能显亲哉！（明·薛应旗《薛方山纪述》）

句解： 品德高尚的人事奉双亲，以彰显亲人的美德为最高追求，其次是让亲人愉快，再次是赡养亲人，第四是让亲人荣耀，最后才是让亲人悠闲安逸。要让亲人安逸，有力气的人就能做到；要让亲人荣耀，有地位的人就能做到；要让亲人得到赡养，有钱财就能做到；要让亲人愉快，有才能的人就能做到。如果不是德才兼备的圣人，谁能使亲人的功德得以彰显呢！

原文：肯救人坑坎中，便是活菩萨。能脱身牢笼外，便是大英雄。（清·王永斌《围炉夜话·卷一》）

句解：肯于全力帮助陷于困苦中的人，就是活菩萨，能摆脱人性的束缚，超脱于利益之外的人，就可以说是卓越的人。

原文：志不可不高，志不高，则同流合污，无足有为矣。（清·王永斌《围炉夜话·卷一》）

句解：志向不能不远大，志向不远大，就会混迹于世俗之中，从而不能有所作为。

原文：行善济人，人遂得以安全，即在我亦为快意。（清·王永斌《围炉夜话·卷一》）

句解：行善举帮助人，使被帮助的人获得安全感，自己也会感到舒畅高兴。

原文：但患我不肯济人，休患我不能济人。（清·王永斌《围炉夜话·卷二》）

句解：只担心自己，不肯帮助他人，并不怕自己没有能力帮助他人。

原文：性情执拗之人，不可与谋事也。机趣流通之士，始可与言文也。（清·王永斌《围炉夜话·卷三》）

句解：性格固执、情绪偏激的人，是不能和他共事的，充满情趣，而又活泼的人，才能跟他谈文论艺。

原文：物忌全胜，事忌全美，人忌全盛。（清·金缨《格言联璧·持躬类》）

句解：事物忌讳到达顶峰，做事忌讳达到完美，做人忌讳太过成功。

原文：富以能施为德，贫以无求为德，贵以下人为德，贱以忘势为德。（清·金缨《格言联璧·持躬类》）

句解：富贵者，就要以施予为美德，贫贱者，就要以无欲为美德，高贵者，就要以低下为美德，卑贱者就要以不攀为美德。

原文：无心者公，无我者明。（清·金缨《格言联璧·处世类》）

句解： 没有私心的人，办事公正；不被私利所限制的人，明晓事理。

原文： 凡一事而关人终身，纵确见实闻，不可着口。凡一语而伤我长厚，虽闲谈酒谑，慎勿形言。（清 · 金缨《格言联璧 · 接物类》）

句解： 只要一件事能影响到别人的一生，即使亲眼目睹，亲耳听到，也绝不能说出口，只要一句话，对自己的品格有所伤害，即使是饮酒闲聊时，也要小心谨慎，不要说出口。

原文： 宽厚者，毋使人有所恃。精明者，不使人无所容。（清 · 金缨《格言联璧 · 处世类》）

句解： 宽容厚道的人，不让别人有所依靠。聪明精审的人，不让别人无地自容。

原文： 岂能尽如人意，但求不愧我心。（清 · 金缨《格言联璧 · 接物类》）

句解： 怎么能所有的事，都让人满意，只求无愧自己的良心而已。

原文： 住世一日，要做一日好人。为官一日，要行一日好事。（清 · 金缨《格言联璧 · 从政类》）

句解： 在世上活一天，就要做一天正直的人，当一天官，就要做一天正直的事。

原文： 思国之安者，必积其德义。（唐 · 魏征《谏太宗十思疏》）

句解： 希望国家安宁的人，必须积蓄自身的道德与礼义。

原文： 君子惧失义，小人惧失利。（宋 · 李昉《太平御览》）

句解： 君子担心失去道义，小人担心失去利益。

原文： 祭而丰，不如养之薄也。（宋 · 欧阳修《泷冈阡表》）

句解： 祭祀父母的物品无论如何丰盛，也不如父母在世时进行微薄的赡养。

五 言行智慧

言语表达思想，思想指导行动。言行一致，表里如一，真诚坦荡，品行高洁，是君子；言行不一，表里相悖，虚伪狭隘，行为龌龊，是小人。但是，一方面，在社会生活中，小人极善伪饰，所以，判断一个人是君子还是小人的正确方法是“听其言，观其行”；另一方面，言多必失，因此，即便是品行高尚的君子，保持必要的小心，谨言慎行，也是一种智慧。

原文：君子之道，或出或处，或默或语。（《易经·系辞上》）

句解：品德高尚的人立身处世的原则是有时出仕，有时闲居，有时沉默寡言，有时侃侃而谈。

原文：君子以言有物而行有恒。（《易经·家人·象》）

句解：君子说话言之有物，做事持之以恒。

原文：君子以慎言语，节饮食。（《易经·颐·象》）

句解：君子以说话谨慎，节制饮食为养生之道。

原文：括囊无咎无誉，盖言慎也。（《易经·坤·文言》）

句解：捆紧口袋，免遭灾祸，不求赞誉，大概是说言行谨慎的处世道理吧。

原文：善戏谑兮，不为虐兮。（《诗经·卫风·淇奥》）

句解：善于言谈妙趣横生，即使开玩笑也不会伤人。

原文：慎尔出话，敬尔威仪，无不柔嘉。白圭之玷，尚可磨也；斯言之玷，不可为也。（《诗经·大雅·抑》）

句解：说话要谨慎，举止要端庄，时时处处态度柔和、行为稳妥。白圭上面的斑点，还可以磨去；一旦说话不妥当，就无法把它收回。

原文：巧言如簧，颜之厚矣。（《诗经·小雅·巧言》）

句解：巧言如簧的人，脸皮太厚。

原文：相在尔室，尚不愧于屋漏（《诗经·大雅·抑》）

句解：独自处于室内，做事无愧于神明。

原文：量力而动，其过鲜矣。善败由己，而由乎人乎哉！（春秋·左丘明《左氏春秋·僖公二十年》）

句解：根据自己的实力采取行动，过错就会少。成败在于自身，怎么会在于别人呢！

原文：言，身之文也。身将隐，焉用文之？（春秋·左丘明《左氏春秋·僖公二十四年》）

句解：言语是修饰行为的，身体将要归隐，还用得着修饰吗？

原文：太上有立德，其次有立功，其次有立言。虽久不废，此之谓不朽。（春秋·左丘明《左氏春秋·襄公二十四年》）

句解：第一等的是树立品德，其次一等的是建功立业，再次一等的是创立学说。即使过了很长时期也不会被废弃，这就叫做不朽。

原文：言以足志，文以足言。不言，谁知其志？言之无文，行之不远。（春秋·左丘明《左氏春秋·襄公二十五年》）

句解：言语和文辞是用来表达思想的，文采是用来更好的修饰言语的。如果不发表言语，谁能知道他的思想？如果言语和文辞没有文采，那么就传播不远。

原文：君子之行，思其终也，思其复也。（春秋·左丘明《左氏春秋·襄公二十五年》）

句解：品德高尚的人采取行动，要想到最后的结果，还要想到以后怎样继续做。

原文：服美不称，必以恶终。（春秋·左丘明《左氏春秋·襄公二十七年》）

句解：服饰与人的身份不匹配，必定得到恶果。

原文：君子之言，信而有征，故怨远于其身；小人之言，僭而无征，故怨咎及之。（春秋·左丘明《左氏春秋·昭公八年》）

句解：君子所说的话，信实而有凭据，因此怨恨离他很远；小人所说的话，夸张而无依据，所以怨恨灾祸降临到他身上。

原文：可言而不信，宁无言也，君子终日言不在尤之中。小人一言，终身为罪。（《大戴礼记·曾子立事》）

句解：可以言说却不真实，宁可不说，君子整天说话，也不会出现过失。小人一张嘴，一生都是错。

原文：言之善者，在所日闻；行之善者，在所能为。（《大戴礼记·子张问人官》）

句解：好的言论在于每天都能听到，好的行为在于能够亲自去做。

原文：君子不失足于人，不失色于人，不失口于人。是故君子貌足畏也，色足惮也，言足信也。（《礼记·表记》）

句解：君子不在人前做有失检点的事，不在人前丧失矜庄之色，不在人前说奉承的话，因此君子的容貌使人敬畏、神色使人畏惧、言语使人坚信。

原文：君子以人治人，改而止。（《礼记·中庸》）

句解：君子用人道治理百姓，一旦有了过错改正就行。

原文：君子约言，小人先言。（《礼记·坊记》）

句解：君子说话言简意赅，小人说话夸夸其谈。

原文：驱逸足于庭，求猿捷于槛，斯逆理而求之，犹倒裳而索领。（春秋·邓析《邓析子·无厚》）

句解：驱使骏马在庭院中飞奔，要求猿猴在笼子里乱跳，这是违背常理的，就如同倒提着衣服找领子。

原文：老子曰：“言有宗，事有本，失其宗本，技能虽多，不如寡言。”（春秋·辛妍《文子·精诚》）

句解：老子说：“说话要有根据，做事要有原则，失去根据和原则，尽管拥有多种技能也不如沉默寡言。”

原文：矜者不立，奢者不长，强梁者死，满足者亡，狂风暴雨不终日，小谷不能须臾盈。（春秋·辛妍《文子·九守》）

句解：自以为是的人不能自立，欲望旺盛的人不能长久，强横凶残的人必定死亡，自我满足的人必定消亡，疾风骤雨不可能持续终日，山谷小溪不可能片刻灌满。

原文：夫好事者未尝不中，争利者未尝不穷，善游者溺，善骑者堕，各以所好反自为祸。（春秋·辛妍《文子·符言》）

句解：好事的人没有不受伤的，争利的人没有不穷困的，善于游泳的人往往容易溺水而亡，善于骑马的人往往容易坠地而死，每种人都发挥特长，特长反而变成了他们的祸根。

原文：老子曰：“其施厚者其报美，其怨大者其祸深，薄施而厚望，蓄怨而无患者，未之有也。察其所以往者，即知其所以来矣。”（春秋·辛妍《文子·符言》）

句解：老子说：“施予厚重的人回报必然美好，仇怨广大的人灾难必然深重，施予极少却期望获得厚报，积蓄仇怨却没有引来灾祸，这种事从来没有过。观察他从前的所作所为，就能知道他的未来会如何。”

原文：临河欲鱼，不如归而织网。（春秋·辛妍《文子·上德》）

句解：站在河边想得到鱼，不如回去编织渔网。

原文：事者难成易败，名者难立易废，凡人皆轻小害，易微事，以至于患。（春秋·辛妍《文子·微明》）

句解：事情难以成功，却容易失败，名誉难以建立，却容易毁废。凡夫俗子都轻视微小的损害，都认为小事容易成功，最终导致祸患。

原文：不惑祸福即动静顺，理不妄喜怒即赏罚不阿，不贪无用即不以欲害性，欲不过节即养生知足。（春秋·辛妍《文子·符言》）

句解：不被福祸所迷惑，行为就会顺应自然，不喜怒无常，赏罚就会公正无私，不贪婪于无用之货就不会被欲望伤害本性，欲望不超过限度，就能保体养生，知足常乐。

原文：言出于口，不可止于人，行发于近，不可禁于远。（春秋·辛妍《文子·微明》）

句解：话说出口，不能禁止别人评论，行为在身边发生，不能禁止影响远播。

原文：恕者，以身为度者也。己所不欲，毋加诸人。恶诸人，则去诸己；欲诸人，则求诸己，此恕也。（战国·尸佼《尸子·恕》）

句解：所谓恕，就是以自身为标准进行衡量，自己不喜欢的事，不要强加于人，厌恶别人的缺点，首先要去除自身的缺点，要求他人做到的事情，自己必须先做到，这就叫“恕”。

原文：射不善而欲教人，人不学也；行不修而欲谈人，人不听也。（战国·尸佼《尸子·恕》）

句解：自己射术不精，却想教别人学习射箭，别人是不会跟你学的，自身行为不端正，却想谈论别人的行为，别人是不会听的。

原文：仲尼曰：“得之身者得之民，失之身者失之民。”不出于户而知天下，不下其堂而治四方，知反之于己者也。以是观之，治己则人治矣。（战国·尸佼《尸子·处道》）

句解：孔子说：“自身行为端正，民众行为也就端正了。自身有过失，民众也就会有过失。”不出家门，而能了解天下之事，不下堂屋，却能治理邦国四方，那是由于反身关照，推己及人，以此看来，治理好自己，别人也就治理好了。

原文：身不正则人不从。（战国·尸佼《尸子·神明》）

句解：自身言行不端正，别人就不会服从。

原文：鹿驰走无顾，六马不能望其尘，所以及者，顾也。（战国·尸佼《尸子·劝学》）

句解：鹿，假如一心一意向前奔跑，而不向后看，那么即使六匹壮马驾车，也不能望见它扬起的灰尘，鹿之所以能够被追上，是因为它回首反顾。

原文：未有不因学而鉴道，不假学而光身者也。（战国·尸佼《尸子·劝学》）

句解：没有不依靠学习而明白道理，不凭借学习，而使自己获得名声的。

原文：祸之始也，易除，其除之；不可者，避之。及其成也，欲除之不可，欲避之不可。治于神者，其事少而功多。（战国·尸佼《尸子·贵言》）

句解：祸患刚刚发生时，容易被消除掉，即使不能消除掉，也可以躲避，但是等到祸患已经形成，再想消除它，就不可能了，即使想回避它，也是不可能的。在祸患将发未发之时，予以清除和治理，那么就会事半功倍。

原文：行有四仪，一曰志动不忘仁，二曰智用不忘义，三曰力事不忘忠，四曰口言不忘信。慎守四仪，以终其身，名功之从之也，犹形之有影，声之有响也。（战国·尸佼《尸子·四仪》）

句解：行为有四项基本准则，一是立志有为而不忘仁；二是运用智慧而不忘义；三是尽力成事而不忘忠；四是开口谈话，而不忘信。谨慎持守这四项准则，并终身力行，保持名节，那么成功将伴随他，就像影随行，声随音一样。

原文：口者，心之门户也。心者，神之主也。志意、喜欲、思虑、智谋，此皆由门户出人。故关之矣捭阖，制之以出人。（《鬼谷子·捭阖》）

句解：口是心的门户，心是人们精神的主宰。人们的意志、欲望、思想、智谋等，都要通过口这座门户说出来。因此，要通过开启和封闭来把守嘴这道关口，控制各种思想和情绪的表达。

原文：说者，说之也；说之者，资之也。（《鬼谷子·权》）

句解：游说是为了说服对方，而说服对方，是为了借助对方的力量成就一番事业。

原文： 辞言有五：曰病、曰怨、曰忧、曰怒、曰喜。病者，感衰气而不神也。怨者，肠绝而无主也。忧者，闭塞而不泄也。怒者，妄动而不治也。喜者，宣散而无要也。此五者精则用之，利则行之。（《鬼谷子·权》）

句解： 辩论的言辞，一般有五种类型，一种是病言、一种是怨言、一种是忧言、一种是怒言、一种是喜言。病言就是辩论时，气力衰弱，无精打采；怨言，就是伤心欲绝、毫无主见；忧言，就是感情忧郁，不能畅谈；怒言，就是草率、妄动，毫无条理；喜言，就是不加节制，不得要领。这五种言辞，只有精通后，才能使用，只有在有利情况下，才能实施。

原文： 邦有道，危言危行；邦无道，危行言蓄。（《论语·宪问》）

句解： 国家安定就要说话直率、行为正直；国家昏乱可以行为正直、说话却要含蓄。

原文： 有朋自远方来，不亦乐乎！（《论语·学而》）

句解： 有志同道合的人从远方来访，不也是一件使人高兴的事吗？

原文： 四海之内，皆兄弟也。（《论语·颜涌》）

句解： 四海之内所有人都是兄弟。

原文： 不义而富且贵，于我如浮云。（《论语·述而》）

句解： 用不道德的手段获得的富贵，对我来说就像浮云一般毫无价值。

原文： 有德者，必有言；有言者，不必有德。仁者必有勇，勇者不必有仁。（《论语·宪问》）

句解： 有道德的人，一定能讲出有道理的话；能讲出有道理的话的人，却不一定有道德。仁义的人一定勇敢，勇敢的人却不一定有仁义。

原文： 其言之不怍，则为之也难。（《论语·宪问》）

句解： 一个人讲话大言不惭，要让他付诸行动是困难的。

原文： 仁者，其言也讱。为之难，言之得无讱乎！（《论语·颜渊》）

句解： 仁德之人，讲话时很为难。做起来很难，讲话时能不为难吗！

原文： 见其可利也，则必前后虑其可害也者，而兼权之，熟计之，然

后定其欲恶取舍。（战国·荀况《荀子·不苟》）

句解：凡是有利可图的事，必须全面考虑其不利的方面，全面分析，深思熟虑，然后根据有利和不利的条件再决定取舍。

原文：身之所短，上虽不知，不以取赏。（战国·荀况《荀子·不苟》）

句解：自身具有缺点，尽管上级不了解，自己也不应该隐瞒以便得到赏识。

原文：无冥冥之志者，无昭昭之明；无惛惛之事者，无赫赫之功。（战国·荀况《荀子·劝学》）

句解：没有坚韧不拔的意志就没有显著的成就，没有兢兢业业的付出，就没有卓越的功劳。

原文：声无小而不闻，行无隐而不形。（战国·荀况《荀子·劝学》）

句解：声音无论多么微弱，没有听不到的，行为无论多么隐晦，没有看不到的。

原文：高上尊贵，不以骄人；聪明圣知，不以穷人；齐给速通，不争先人；刚毅勇敢，不以伤人。不知则问，不能则学，虽能必让，然后为德。（战国·荀况《荀子·非十二子》）

句解：地位尊贵，不以此而傲视别人；聪明睿智，不以此而让人难堪；言语敏捷，不以此而与人争强好胜；刚毅勇敢，不以此而伤害别人。不知道就请教，不能做就学习。虽然有才能也要谦虚退让，之后就能成为有品德的人。

原文：知者之举事也，满则虑嗛，平则虑险，安则虑危，曲重其豫，犹恐及其祸，是以百举而不陷也。（战国·荀况《荀子·仲尼》）

句解：智慧的人采取行动，盈满时就考虑谦虚，顺利时就考虑艰难，平安时就考虑危险，严密慎重地采取预防措施，还唯恐发生祸患，因此有智慧的人做一百件事也不会犯错误。

原文：无赦之谓严。（战国·韩非《韩非子·难四》）

句解：施行刑罚而不进行赦免，这就叫做严酷。

原文：知而不言，不忠；不知而言，不智。（战国·韩非《韩非子·初见秦》）

句解：知道情况却不说出，这是不忠诚；不知道情况而乱说，这是不明智。

原文：不法常可。（战国·韩非《韩非子·五蠹》）

句解：不效法以往的可行措施。

原文：不期修古。（战国·韩非《韩非子·五蠹》）

句解：不期望遵循古代的法度。

原文：不能为吏者，树怨。（战国·韩非《韩非子·外储说左下》）

句解：不善于当官的人，到处结怨。

原文：以肉去蚁，蚁愈多；以鱼驱蝇，蝇愈至。（战国·韩非《韩非子·外储说左下》）

句解：用肉驱逐蚂蚁，蚂蚁越来越多；用鱼驱逐苍蝇，苍蝇越来越多。

原文：德则无德，不德则有德。（战国·韩非《韩非子·解老》）

句解：自以为有德就是无德，不自以为有德就是真正有德。

原文：万物章章以害一生，生无不伤。（秦·吕不韦《吕氏春秋·孟春纪·本生》）

句解：世上万物繁多茂盛，如果用来伤害某个生命，那么这个生命没有不被毁灭的。

原文：于利不苟取，于害不苟免。（秦·吕不韦《吕氏春秋·季冬纪·士节》）

句解：对于利益不贪取，对于祸害不苟且求免。

原文：一家皆乱，无有安身。（秦·吕不韦《吕氏春秋·有始览·谕大》）

句解：全家混乱，就没有安身的处所。

原文：三代所宝莫如因，因则无敌。（秦·吕不韦《吕氏春秋·慎大览·贵因》）

句解：夏商周三代最宝贵的治国经验就是顺应时势，没有比这点更重要的了，因为顺应时势就能无往不胜。

原文：情系于中，行形于外。（汉・刘安《淮南子・缪称训》）

句解：情感存于内心之中，行动就会表现于外。

原文：登高使人欲望，临深使人欲窥，处使然也。（汉・刘安《淮南子・说山训》）

句解：登高望远使人胸怀开阔，面临深渊使人思虑深邃，这是所处的环境导致的。

原文：患生于多欲，害生于不备。（汉・刘安《淮南子・缪称训》）

句解：祸患的根源在于私欲旺盛，灾害发生于没有戒备之心。

原文：积力之所举，则无不胜也；众智之所为，则无不成也。（汉・刘安《淮南子・主术训》）

句解：积累运用集体的力量，任何事情都会取胜，集中大家的智慧，任何事情都会成功。

原文：口惠之人鲜信。（汉・韩婴《韩诗外传》）

句解：嘴上说得好听的人，是很少有诚信的。

原文：人材有两为，不能成一。（汉・王充《论衡・书解》）

句解：即使是人才，如果同时做两件事，那么就一件都做不成。

原文：起事不空为，因因不妄作。（汉・王充《论衡・对作》）

句解：引用事实而不胡编，言必有据而不乱造。

原文：修己之备，无恃于人。（汉・王符《潜夫论・边议》）

句解：准备好自己的武器，就不惧怕任何敌人。

原文：慈母有败子，小不忍也。（汉・桓宽《盐铁论・周秦》）

句解：慈爱的母亲之所以有品行败坏的儿子，是由于不忍心管教儿子的小错误所导致的。

原文：谤毁之言，不吐乎口，中伤之心，不存乎胸也。（晋・葛洪《抱朴子・内篇・明本》）

句解：诽谤、诋毁之言不从口中说出，重伤害人之心，不在胸中存留。

原文：靖君亮问辱。子曰："言不中，行不谨，辱也。"（隋·王通《文中子中说·王道篇》）

句解：靖君亮问辱是什么意思，文中子回答说："言语不恰当，行为不谨慎，这就是辱。"

原文：子曰："富观其所与，贫观其所取，达观其所好，穷观其所为，可也。"（隋·王通《文中子中说·天地篇》）

句解：文中子说："对于富人要看他所交往的是什么人，对于穷人要看他所获取的是道义还是利益，对于显达的人要看他的性情喜好什么，对于卑贱的人要看他的行为是行善还是作恶，这样就可以分辨出他们的优劣。"

原文：子曰："识寡于亮，德轻于才，斯过也已。"（隋·王通《文中子中说·立命篇》）

句解：文中子说："见识少于聪明，品德轻于才能，这些都是错误的。"

原文：子曰："以性制情者鲜矣。我未见处歧路而不迟回者。"（隋·王通《文中子中说·立命篇》）

句解：文中子说："用本性抑制感情的人很少，我没见过面对歧路而不犹豫徘徊的人。"

原文：子曰："罪莫大于好进，祸莫大于多言，痛莫大于不闻过，辱莫大于不知耻。"（隋·王通《文中子中说·关朗篇》）

句解：文中子说："犯错没有比争强好胜更严重的，招祸没有比多言多语更严重的，痛悔没有比不虚心接受批评更严重的，耻辱没有比不知羞耻更严重的。"

原文：士之立身成名，在乎仁义。（唐·魏征等撰《隋书·诚节传》）

句解：士大夫安身立命、获取名声，在于用仁义来约束自己的言行。

原文：在心为志，发言为诗。（唐·魏征等撰《隋书·经籍志一》）

句解：存在于内心中的意念就是志，从自心之中发出的言辞就是诗。

原文：一言拔俗，一事出群。（北宋·薛居正等撰《旧五代史·梁书·太祖纪第五》）

句解：有一言超拔于世俗之外，有一事超出于众人之中。

原文：人而无信，不知其可。（唐·房乔等撰《晋书·段灼传》）

句解：作为人而没有信义，不知怎么可以呢？

原文：凡关言人主，人臣所至难。（唐·房乔等撰《晋书·武帝纪》）

句解：凡是关涉到君主的言论，都是臣子最为难的事。

原文：取人受言，贵在显用。（唐·令狐德棻《周书·乐逊传》）

句解：接纳贤良和接受贤良的谏言，贵在使贤良得到任用。

原文：当言则言，不视时而退缩。（元·脱脱《宋史·王遂传》）

句解：应该讲的就讲，不根据情况而退缩。

原文：知而形言，不若察而行之事。（元·脱脱《宋史·吴育传》）

句解：知道事情的情况而表现在言论上，不如仔细分析后采取行动。

原文：践行其言而人不信者有矣，未有不践言，而人信之者。（宋·杨时《二程集·论学篇》）

句解：说话算数却不被信任，这样的事情是有的，但从来没有言行不一却被人们信任的。

原文：路遥知马力，事久见人心。（佚名《增广贤文》）

句解：通过路途遥远的跋涉，才能知道马的力气，经过许多事情之后，才能认识到人心的善恶。

原文：谁人背后无人说？哪个人前不说人？（佚名《增广贤文》）

句解：有谁不被他人在背后议论呢？又有谁不跟他人背后议论别人呢？

原文：莺花犹怕春光老，岂可教人枉度春？（佚名《增广贤文》）

句解：黄鹂和鲜花都担心春天迅速离去，那么怎么可以让人们不虚度青春呢？

原文：人情惮拘检而乐放纵。初肆其情之所安，若未害也，操修不勤，威仪不摄，流入小人之域而不自觉，可不惧乎？所贵乎学问者，所以

制其情之安肆也。(宋·何坦《西畴常言·律己》)

句解：人的本性一般都是不愿拘束而乐于放纵。最初放纵情绪让自己安逸快乐，似乎还没有什么害处，如果不勤于自省，也不注意修饰庄重的仪容，渐渐与小人同流合污而没有丝毫觉察，这难道不是很可怕的事吗？要重视学问的根本原因就是由于学问可以制约人们安于享受的心理。

原文：露才扬己，器卑识乏。盆括有才，终以见杀。（元·许名奎《劝忍百箴·才技忍》)

句解：到处显露才能，张扬自己，是气量狭小，缺乏见识的表现。盆成括这个人有小小的才能，自以为是，最终招来杀身之祸。

原文：谈锋焕发，虎皮靴可以冲座；倘支离无物，不如枯坐藏拙。(明·吴从先《小窗自纪》)

句解：谈吐潇洒、言之有物，可以傲慢地伸足于座上；如果谈话支离破碎、空洞无物，不如独坐一旁以掩饰不学无术。

原文：文人才子之口，实多微词；听言参论之间，当解大意。(明·吴从先《小窗自纪》)

句解：文人才子们的辩论，其实包含许多隐晦的批评；在别人辩论时如果自己也想参加讨论，那么就应当先弄清对方的基本主张。

原文：毋以人誉而遂谓无过。(明·吕坤《呻吟语·补遗》)

句解：不要因为得到了别人的赞扬，就认为自己没有过失。

原文：凡听言，先要知言者人品，又要知言者意向，又要知言者识见，又要知言者气质，则听不爽矣。(明·吕坤《呻吟语·补遗》)

句解：听取别人的建议，首先要了解说话人的人品，然后要弄清说话人的目的，同时要了解说话人的思想水平，最后要了解说话人的性格。只有这样，听取意见才不会偏听偏信。

原文：凡议论要透，皆是好，尽言也，不独言人之过。（明·陈继儒《安得长者言》)

句解：议论品评一个人就要透彻，如果都是优点，就要全部说出来，不能只是批评别人的缺点。

原文：《颐》卦慎言语，节饮食，然口之所入者，其祸小，口之所出者其罪多。故鬼谷子云："口可以饮，不可以言。"（明·陈继儒《安得长者言》）

句解：《易经·颐卦》说，说话要谨慎，饮食要节制。从嘴中吃进的食物，产生的祸害少，从嘴中说出的话，产生的祸害多。因此鬼谷子说："嘴可以吃饭，但不宜多言。"

原文：有一言而伤天地之和，一事而折终身之福者，切须检点。（明·陈继儒《安得长者言》）

句解：有时由于一言不当就伤害了很深的交情，有时由于一事做错就断绝了一生的福气，因此说话做事必须小心谨慎。

原文：交友须带三分侠气，作人要存一点素心。（明·陈继儒《小窗幽记·豪卷》）

句解：交朋友应该有几分豪爽的气概，为人要保留一点淳朴的良心。

原文：言贵切而不贵讦，议贵尽而不贵争，迹贵明而不贵暴，名贵与而不贵取。（明·薛应旗《薛方山纪述》）

句解：言语贵在切实有效，而不必刻意批评别人；议论贵在周密详细，而不必刻意争出胜负；行为贵在光明坦荡，而不必刻意张扬炫耀；名声贵在世所公认，而不必刻意沽名钓誉。

原文：谋生各有恒业，那得管闲事、说闲话，荒我正经工夫。（清·王永斌《围炉夜话·卷三》）

句解：人生在世，谋生艰难，各有各的行业，哪里有时间去过问他人的闲事，说他人的闲话，而为此去荒废正当的工作。

原文：守官最宜简外事，少接人，谨言语。（明·薛瑄《从政录》）

句解：为官一方最好的办法是减少外事，少接触人，谨慎说话。

原文：恶莫大于纵己之欲，祸莫大于言人之非。（清·金缨《格言联璧·接物类》）

句解：恶行莫过于放纵欲望，祸患莫过于接人短处。

原文：盛喜中勿许人物，盛怒中勿答人言。（清·金缨《格言联璧·

接物类》)

句解：特别高兴时，不要轻易许下诺言，特别愤怒时，不要随便与人说话。

原文：一念疏忽，是错起头。一念决裂，是错到底。（清·金缨《格言联璧·存养类》)

句解：思想稍有不慎，就是错误的开始。思想执拗固执，便会一错到底。

原文：处逆境心，须用开拓法；处顺境心，要用收敛法。（清·金缨《格言联璧·存养类》)

句解：身处逆境时，要磨炼意志，勇于开拓心胸，身处顺境时，要注意节制，收敛言行。

原文：谦退，是保身第一法。安详，是处事第一法。涵容，是待人第一法。洒脱，是养心第一法。（清·金缨《格言联璧·存养类》)

句解：谦恭退让，是保护自身的最好方法。安静平和，是人生处事的最好方法。有涵养而包容，是对待他人的最好方法。潇洒脱俗，是修养心性的最好方法。

原文：不让古人，是谓有志，不让今人，是谓无量。（清·金缨《格言联璧·持躬类》)

句解：不在古人面前低头，是有志气，不向同代人谦让，是有气度。

原文：能改过，则天地不怒。能安分，则鬼神无权。（清·金缨《格言联璧·持躬类》)

句解：能改正错误，即使天地也不会怪罪，能安分守己，即使鬼神也无权过问。

原文：心志要苦，意趣要乐，气度要宏，言动要谨。（清·金缨《格言联璧·持躬类》)

句解：心志要艰苦，意趣要乐观，气度要恢宏，言行要谨慎。

原文：不思而立言，不知而定交，吾其惮也。（唐·皮日休《鹿门隐书六十篇》)

句解：不思考就随意发表言论，不了解就随意结交朋友，这是我最畏惧的事。

原文：君子欲讷，吉人寡辞。（唐·姚崇《口箴》）

句解：君子仿佛木讷，吉人寡言少语。

原文：谠言则听，谄言不听。（唐·元结《至正》）

句解：正直的言论就接受，奉承言论就不听。

原文：轻誉者失实，轻许者失言。（宋·崔敦礼《刍言·卷中》）

句解：轻易赞美别人，往往失实，轻易许诺别人，往往失信。

原文：道非文不着，文非道不生。（元·郝经《陵川集·原古录序》）

句解：道义没有文章的宣传就不能发扬光大，文章背离道义就不能成为文章。

原文：不患不巧，独患不诚。（明·朱之瑜《诚斋》）

句解：不担心不灵巧，只担心不诚实。

原文：君子有微言，无谬言，有辩言，无赘言。（明·王廷相《慎言·君子篇》）

句解：品德高尚的人能说出深刻的言论，却不会说出荒谬的话，能说出精审的言论，却不会说出无用的话。

原文：劝人莫设虚言誓，湛湛青天在上头。（明·冯梦龙《醒世恒言·卷三十六》）

句解：奉劝人们不要发出虚假的誓言，因为湛蓝湛蓝的天空就在头顶之上。

六 处世智慧

任何人置身于社会之中，都必须拥有一定的判断和行事能力，这就是处世智慧。难以想象一个不懂礼节，没有接人待物技巧，只顾自己快乐不顾他人感受的人能够在工作和生活中如鱼得水，左右逢源。因此，学会尊重和赞美他人，学会接受他人的批评，学会识别奉承和伪善等等，都是十分重要的处世智慧。

原文：慢藏诲盗，冶容诲淫。（《易经·系辞上》）

句解：轻视收藏的财物是诱人为盗，妖冶的打扮是诱人淫荡。

原文：机事不密则害成。（《易经·系辞上》）

句解：机密大事不严守秘密就会使祸害发生。

原文：备物致用，立成器以为天下利，莫大乎圣人。（《易经·系辞上》）

句解：准备物品让人使用，制作器具为所有人提供便利，没有比圣人做的更多的了。

原文：探赜索隐，钩深致远。（《易经·系辞上》）

句解：探索精微之事，索求隐秘之理，钩取深奥之本，推究辽远之道。

原文：君子以行过乎恭，丧过乎哀，用过乎俭。(《易经·小过·象》)

句解：君子日常行为稍过恭敬，办理丧事稍过悲哀，日常用度稍过节俭。

原文：君子以思患而预防之。(《易经·既济·象》)

句解：君子思虑忧患那些可能发生的灾祸而事先予以防备。

原文：知周乎万物，而道济天下。(《易经·系辞上》)

句解：智慧遍及天下万物，而道德则足以匡济天下。

原文：居上位而不骄，在下位而不忧，故干干因其时而惕，虽危无咎矣。(《易经·干·文言》)

句解：居于上位而不骄傲，处于下位而不忧愁，因此终日勤奋，时时警惕，即使面临危险也可免遭祸患。

原文：同声相应，同气相求。(《易经·干·文言》)

句解：同类的声音相互感应，同样的气息相互应和。

原文：尺蠖之屈，以求伸也；龙蛇之蛰，以存身也。(《易经·系辞下》)

句解：尺蠖弯曲身体，是为了求得伸展；龙蛇冬眠潜藏，是为了自身存活。

原文：君子藏器于身，待时而动。(《易经·系辞下》)

句解：君子把利器藏在自己身上，等待时机而采取行动。

原文：同声相应，同气相求。《易经·干》

句解：相同的声音彼此相应，相同的气息彼此相知。

原文：深则厉，浅则揭。(《诗经·邶风·匏有苦叶》)

句解：水深时索性穿着衣服涉水，水浅时就撩起衣服过河。

原文：不侮矜寡，不畏疆御。(《诗经·蒸民》)

句解：不欺负孤苦伶仃的人，也不畏惧强大的势力。

原文：他山之石，可以为错。他山之石，可以攻玉。(《诗经·小雅·鹤鸣》)

句解： 其它山上的石头，可以用来磨刀。其它山上的石头，可以用来琢玉。

原文： 具曰予圣，谁知乌之雌雄！（《诗经·小雅·正月》）

句解： 都说自己是最圣明的人，但是乌鸦的雌雄谁能分辨呢？

原文： 先民有言，询于刍荛。（《诗经·大雅·板》）

句解： 古人曾经说过，有不懂的事情时就要请教割草打柴的人。

原文： 靡不有初，鲜克有终。（《诗经·大雅·荡》）

句解： 万事都有开头的时候，但很少能有好的结局。

原文： 欲败度，纵败礼，以速戾于厥躬。天作孽，犹可违；自作孽，不可逭。（《尚书·太甲中》）

句解： 欲望败坏法度，放纵败坏礼义，很快会给自己招来灾祸。上天降下的灾祸还可以躲避，而自己造成的灾祸就不可逃脱了。

原文： 玩人丧德，玩物丧志。（《尚书·旅獒》）

句解： 捉弄他人会丧失道德，沉溺于物质利益会丧失志向。

原文： 推贤让能，庶官乃和。（《尚书·周官》）

句解： 彼此互相谦让，同僚们就一定团结。

原文： 非知之艰，行之惟艰。（《尚书·说命中》）

句解： 并不是懂得道理很难，而是实行它很难。

原文： 敬思以德，备乃祸难。难至为悔，悔将安及？（《逸周书·芮良夫》）

句解： 恭谨谨慎地思考品德，以防备祸患的发生。等到祸患来临之后再后悔，后悔怎么来得及呢？

原文： 文之美也，而以身剥；自谓智也者，故不足。（《逸周书·周祝》）

句解： 动物皮毛的花纹美丽，而其自身却遭受剥皮的灾难；自以为自己聪明的人，不足以保全自己。

原文： 肥豕必烹，甘泉必竭，直木必伐。（《逸周书·周祝》）

句解： 肥猪必被宰烹，甘泉一定枯竭，直树必被砍伐。

原文：介人之宠，非勇也。（春秋·左丘明《左氏春秋·文公六年》）

句解：依靠别人对自己的娇宠，不是有勇气的人。

原文：为政者，不赏私劳，不罚私怨。（春秋·左丘明《左氏春秋·昭公五年》）

句解：当官的人处理政务时不奖赏对自己私人有功的人，不处罚和自己结有私怨的人。

原文：多行不义必自毙。（春秋·左丘明《左氏春秋·隐公元年》）

句解：坏事做多了，一定会自取灭亡的。

原文：大义灭亲。（春秋·左丘明《左氏春秋·隐公四年》）

句解：为坚守正义对触犯法律的亲属不徇私情。

原文：俭，德之共也；侈，恶之大也。（春秋·左丘明《左氏春秋·庄公二十四年》）

句解：节俭是品德中最高的道德，奢侈是邪恶中最大的罪恶。

原文：君子之不虐幼贱，畏于天也。（春秋·左丘明《左氏春秋·文公十五年》）

句解：品德高尚的人不虐待幼小和卑贱的人，是由于畏惧上天。

原文：君子有远虑，小人从迩，饥寒之不恤，谁遑其后？（春秋·左丘明《左氏春秋·襄公二十八年》）

句解：君子有长远的考虑，而小人只能看到眼前利益，他们连饥寒都不能摆脱，谁还有心情考虑未来呢？

原文：君子动则思礼，行则思义，不为利回，不为义疚。或求名而不得，或欲盖而名章，惩不义也。（春秋·左丘明《左氏春秋·昭公三十一年》）

句解：品德高尚的人采取行动时就会想到礼法，办事时就会想到道义，他们不为私利而违背礼法，不为违背道义而使内心痛苦。有的人谋求名声却不能得到，有的人企图掩盖而名声却更昭著，这是对不义行为的惩罚。

原文：富而不骄者鲜。（春秋·左丘明《左氏春秋·定公十三年》）

句解：富有而不骄纵的人非常少。

原文：骄而不亡者，未之有也。（春秋·左丘明《左氏春秋·定公十三年》）

句解：骄纵而不败亡的人还没出现过。

原文：君以为易，其难也将至矣。（春秋·左丘明《国语·晋语》）

句解：当你觉得事情简单容易的时候，困难也就随之到来。

原文：动莫若敬，居莫若俭，德莫若让，事莫若咨。（春秋·左丘明《国语·周语下》）

句解：行为举止莫过于恭敬，持家居守莫过于节俭，道德品行莫过于谦让，办理政事莫过于征求他人的意见。

原文：君子能劳，后世有继。（春秋·左丘明《国语·鲁语下》）

句解：君子能够辛勤劳作，所以后人就有继承家业的。

原文：行无求数有名，事无求数有成。身言之，后人扬之；身行之，后人秉之。（《大戴礼记·曾子立事》）

句解：行动不追求很快获得名声，办事不追求很快就能成功。自身说过后，后人就称颂；自身实行后，后人就依循。

原文：太上乐善，其次安之，其下亦能自强。仁者乐道，智者利道，愚者从，弱者畏。不愚不弱，执诬以强，亦可谓弃民矣。

（《大戴礼记·曾子立事》）

句解：最高的品德是喜爱做善事，次一等的品德是安于做善事，再次一等的品德也能自己激励自己做善事。仁义的人喜爱道义，聪明的人利用道义，愚蠢的人顺从，软弱的人畏惧。既不愚蠢也不软弱的人，抱持偏见而强词夺理，也可以说是弃民了。

原文：先忧事者后乐事，先乐事者后忧事。（《大戴礼记·曾子立事》）

句解：事情开始之前就忧虑的人才能取得成功，事业开始之前就快乐的人，事情就会失败。

原文：无行可悔。（《大戴礼记·武王践祚》）

句解：没有好的品行最终就会后悔。

原文：人情莫不有过，过而改之，是不过也。(《大戴礼记·盛德》)

句解：按常情来说任何人都不可能没有过错，有了过错予以改正，这就不是过错了。

原文：君子戒慎乎其所不睹，恐惧乎其所不闻，莫见乎隐，莫显乎微，故君子慎其独也。(《礼记·中庸》)

句解：品德高尚的人在别人看不见的地方格外警惕小心，对人所听不到的事情格外恐慌畏惧，没有比幽暗更为明朗的，没有比细微更为明显的，因此品德高尚的人在独处时行为特别谨慎。

原文：中也者，天下之大本也；和也者，天下之达道也。(《礼记·中庸》)

句解：所谓中，就是天下的根本；所谓和，就是天下通行的道理。

原文：道之不行也，我知之矣。知者过之，愚者不及也。道之不明也，我知之矣。贤者过之，不肖者不及也。人莫不饮食也，鲜能知味也。(《礼记·中庸》)

句解：中庸之道之所以不能实行的原因，我知道了，是因为聪明的人做得过度，愚蠢的人却达不到。中庸之道之所以不能显明的原因，我知道了，是因为贤明的人做的过度，卑贱的人却达不到。人没有不吃饭不喝水的，却很少有人能品尝出其中的味道。

原文：临财毋苟得，临难毋苟免。(《礼记·曲礼上》)

句解：遇到财物不要轻易获取，遇到危险不要轻易躲避。

原文：义与信，和与仁，霸王之器也。(《礼记·经解》)

句解：道义与诚信，和气与仁德，是称雄的工具。

原文：所恶于上，毋以使下，所恶于下，毋以事上；所恶于前，毋以先后；所恶于后，毋以从前；所恶于右，毋以交于左；所恶于左，毋以交于右；此之谓矩之道。(《礼记·大学》)

句解：如果厌恶居于上位的人，那么就不要以同样的态度对待居于下位的人，如果厌恶居于下位的人，那么就不要以同样的态度去侍奉居于上位的人；如果厌恶居于前面的人那么就不要以同样的态度去对待后面的人；如果厌恶居于后面的人，那么就不要以同样的态度去对待前面的人；如果厌恶居于右面的人，那么就不要以同样的态度去对待左面的人；如果厌恶居于左面的人，那么就不要以同样的态度去对待右面的人，这就是用法度治国的原则。

原文：民闭于人，而有鄙心，可敬不可慢，……故君子不可以不慎也。（《礼记·大学》）

句解：百姓不理解仁德，就会产生欺诈之心，对待这样的百姓可以恭敬不可以怠慢，……因此为官者不能不慎重对待。

原文：素隐行怪，后世有述焉，吾弗为之矣。（《礼记·中庸》）

句解：刻意隐居，行为怪异，后世或许有人称道，我不会这样做。

原文：君子依乎中庸，遁世不见知而不悔，唯圣者能之。（《礼记·中庸》）

句解：品德高尚的人依从于中庸之道，避居避世不为人所知也不后悔，只有圣人能做到。

原文：愚而好自用，贱而好自专，生乎今之世，反古之道，如此者，灾及其身者也。（《礼记·中庸》）

句解：愚昧的人却喜好刚愎自用，贫贱的人却喜好独断专行。生在当今之世，却要恢复古代的礼法。这样的人灾祸必定会落在他身上。

原文：君子之道，暗然而日章；小人之道，的然而日亡。（《礼记·中庸》）

句解：君子之道起初看似暗淡，却一日比一日昭彰；小人之道看似鲜明，却一日比一日消亡。

原文：上无骄行，下无谄德。（春秋·晏婴《晏子春秋·内篇问下》）

句解：居上位的人不骄横无理，居下位的人就不会阿谀奉承。

原文：君子赠人以财，不若以言。（春秋·晏婴《晏子春秋·内篇杂上》）

句解：品德高尚的人捐赠别人钱财，不如捐赠有益的话。

原文：衣莫若新，人莫若故。（春秋·晏婴《晏子春秋·内篇杂上》）

句解：衣服没有新的好，朋友没有旧交好。

原文：老子曰："人无为而治，有为也即伤。"（战国·辛妍《文子·精诚》）

句解：老子说："圣人不采取行动顺应自然而得到治理，如果采取行动就是违背自然，那么就会遭遇挫折和失败。"

原文：苟向善，虽过无怨，苟不向善，虽忠来恶。（战国·辛妍《文子·上德》）

句解：如果内心善良，即使有过错也不怨恨，如果内心不善，即使忠诚也可导致恶行。

原文：怨人不如自怨，勉求诸人，不如求诸己。（战国·辛妍《文子·上德》）

句解：埋怨别人不如埋怨自己，勉强向别人求助不如向自己求助。

原文：舍其易而必成，从事于难而必败，愚惑之所致。（战国·辛妍《文子·微明》）

句解：放弃轻而易举即可成功的事情，而去做困难重重而注定失败的事情，这是愚蠢和迷惑所导致的。

原文：老子曰："善赏者，费少而劝多；善罚者，刑省而奸禁；善与者，用约而为德；善取者，人多而无怨。"（战国·辛妍《文子·上义》）

句解：老子说："善于奖赏的人，付出少而劝勉的效果好；善于刑罚的人使用的刑罚少，而恶行被禁止；善于施予的人施予财物少，施予道德多；善于获取的人，人们给予他的多而内心毫无怨言。"

原文：德与身存亡者，未可以取法也。（春秋·鹖冠子《鹖冠子·天则》）

句解：道德与品行与生命一起消失的，根本不值得效法。

原文：兵者百岁不一用，然不可一日忘也。（春秋·鹖冠子《鹖冠子·近迭》）

句解：尽管军队一百年也不打一次仗，但不可一天忘掉备战。

原文：不提生于弗器，贱生于无所用。中河失船，一壶千金。贵贱无

常，时使物然。（春秋·鹖冠子《鹖冠子·学问》）

句解：不能提起来是因为不是器具，卑贱是由于无能无用。在河当中遭遇船沉时，一个葫芦价值千金。贵贱变化不定，是时机导致它们如此。

原文：夫君子者，易亲而难狎，畏祸而难却，嗜利而不为非，时动而不苟作。体虽安之，而弗敢处，然后礼生；心虽欲之，而弗敢信，然后义生。夫义节欲而治，礼反情而辨者也，故君子弗径情而行也。（春秋·鹖冠子《鹖冠子·着希》）

句解：身为君子，容易亲近却难以随意亲昵，畏惧灾祸却不怕为道义而死，喜好利益却不违背道德，见机而动却不勉强行事。身体虽然安逸，却不敢停止行动，然后礼义便产生了；内心之中虽然有愿望，却不敢放纵，然后道义就产生了。以道义抑制愿望内心便得以治理，以礼义节制情绪事情便得以完成，因此君子不放纵自己的情绪和愿望而采取行动。

原文：捭阖之道，以阴阳试之。故与阳言者，依崇高。与阴言者，依卑小。以下求小，以高求大。由此言之，无所不出，无所不入，无所不可。可以说人，可以说家，可以说国，可以说天下。为小无内，为大无外。（《鬼谷子·捭阖第一》）

句解：运用开启和封闭的方法，必须从阴阳两方面加以试探和实施，跟富有阳刚之气、积极进取的人谈话，应该用高远明朗的语言来引导他；跟富有阴柔之气，性情消极的人谈话，应该用卑下的态度和微小的话题来引导他。这样以谦逊的态度和言论来适应胸无大志的人，用高原积极的言论来适应理想远大的人，根据这个办法，就能够随心所欲，出入自由，没有什么办不成的事情，用这种方法与人谈论，可以说服一个普通人，还可以说服一个大家族，也可以说服一个封国，甚至可以说服整个天下。如果想表现小，可以小到不能再小，如果想表现大，可以大到不能再大。

原文：事之危也，圣人知之，独保其用；因化说事，通达计谋，以识细微。（《鬼谷子·抵巇第四》）

句解：当事情出现危机的征兆时，圣人能够察觉到，他能独自保持清醒的头脑，根据事情的发展变化，做出分析并采取适当的策略，根据细微的现象，以识别危机的征兆。

原文：天下纷错，上无明主，公侯无道德，则小人谗贼，贤人不用，圣人窜匿，贪利诈伪者作，君臣相惑，土崩瓦解而相伐射。（《鬼谷子·抵巇第四》）

句解：天下动乱、分裂，上面没有英明的君主，恭候大臣，丧失道德，于是奸邪小人当权，诽谤陷害忠良，危害国家，致使贤明之士被弃用，君臣互欺，圣人隐居山林，奸臣四处横行，天下土崩瓦解，相互残杀。

原文：揣情最难守司，言必时其谋虑。（《鬼谷子·揣第七》）

句解：揣测人心和实情最难把握，所以向人进言时，必须把握好对方的心理动态。

原文：难言者，却论也；却论者，钓几也。（《鬼谷子·权第九》）

句解：向别人发出诘难之词，意在反驳对方的意见，而诘难的目的是为了诱使对方说出深藏不露的秘密。

原文：平言者，决而干勇。（《鬼谷子·权第九》）

句解：朴实的言辞，是显示刚毅和果断，以求得勇敢之名。

原文：为人凡谋有道，必得其所因，以求其情。（《鬼谷子·谋第十》）

句解：凡是为别人出谋划策，都要遵循一定的规则和方法，一定要先了解事情的真实原因，然后才能探求出人家的真实需要。

原文：君子所贵乎道者三：动容貌，斯远暴慢矣；正颜色，斯近信矣；出辞气，斯远鄙倍矣。（《论语·泰伯》）

句解：君子所重视的礼仪有三个方面：让自己的容貌严肃，就能避免别人的粗暴和傲慢；让自己的面色庄重，就容易让人信服；谈论时注意用词句和语气，这样就很难听到的鄙漏之言。

原文：非礼勿视，非礼勿听，非礼勿言，非礼勿动。（《论语·颜渊》）

句解：不合乎礼义的事不看，不合乎礼义的事不听，不合乎礼义的话不说，不合乎礼义的事不做。

原文：君子有三变：望之俨然，即之也温，听其言也厉。（《论语·子

张》)

句解：君子有三种变化：在远处看他是庄重的样子，接近他则和蔼可亲，听他讲话则就变得十分严厉。

原文：大德不逾闲，小德出入可也。(《论语·子张》)

句解：如果在大节上不超过界限，那么在小节上稍有出入是可以的。

原文：纣之不善，不如是之甚也。是以君子恶居下流，天下之恶皆归焉。(《论语·子张》)

句解：商纣王的恶行不像传说中的那么严重，因此君子不愿意处于较低的地位，一旦处于较低的地位，天下所有的坏事就都归到他的头上。

原文：戒之戒之，出乎尔者，反乎尔者也。(战国·孟轲《孟子·梁惠王下》)

句解：要小心，要警惕呀！你怎样对待别人，别人就会怎样对待你。

原文：今国家闲暇，及是时，般乐怠敖，是自求祸也。(战国·孟轲《孟子·公孙丑上》)

句解：如今国家安定，在这时享乐怠惰，这是自己招惹灾祸。

原文：责善，朋友之道也。(战国·孟轲《孟子·离娄下》)

句解：互相鼓励做善事，这是做朋友的原则。

原文：老吾老，以及人之老；幼吾幼，以及人之幼。(战国·孟轲《孟子·梁惠王上》)

句解：尊敬自己的长辈，也要同时尊敬别人的长辈；养育和爱护自己的子女，也要同时养育和爱护别人的子女。

原文：言人之不善，当如后患何？(战国·孟轲《孟子·离娄下》)

句解：说别人的坏话怎样面对招来后患呢？

原文：仲尼不为已甚者。(战国·孟轲《孟子·离娄下》)

句解：孔仲尼不做过分的事。

原文：大人者，言不必信，行不必果，惟义所在。(战国·孟轲《孟子·离娄下》)

句解：有品德的人说话不必句句信实，行为不必果断坚决，只要时刻心存道义。

原文：身不行道，不行于妻子；使人不以道，不能行于妻子。（战国·孟轲《孟子·尽心下》）

句解：自身不依照道德行事，那么道德在妻子儿女中都不能通行；指挥别人不符合道德，那么就连妻子儿女都指挥不了。

原文：从水之道而不为私焉，此吾所以蹈之也。（战国·庄周《庄子·达生》）

句解：游水的根本方法是顺应水性而不凭个人性情，这就是我善于游水的原因。

原文：荣辱之来，必象其德。（战国·荀况《荀子·劝学》）

句解：荣与辱的到来，一定和品德相适应。

原文：身不肖而诬贤，是犹伛身而好升高也。（战国·荀况《荀子·儒效》）

句解：自己品行不端而指责品德高尚的人，就如同驼背要直起身子。

原文：家富而愈俭。（战国·荀况《荀子·儒效》）

句解：家庭条件越富裕就越应该节俭。

原文：无稽之言，不见之行，不闻之谋，君子慎之。（战国·荀况《荀子·正名》）

句解：没有根据的言论，没有见过的行为，没有听过的计谋，君子对它们保持慎重的态度。

原文：凡百事之成，必在敬之；其败也，必在慢之。故敬胜怠则吉，怠胜敬则灭；计胜欲则从，欲胜计则凶。（战国·荀况《荀子·议兵》）

句解：所有事情的成功，一定取决于恭敬；而事情的失败，必定由于怠慢。因此恭敬超过怠慢就会吉祥，怠慢超过恭敬就会灭亡；计谋超过欲望就会顺利，欲望超过计谋就会危险。

原文：不吹毛而求小疵。（战国·韩非《韩非子·大体》）

句解：不在极细微的小事上苛刻挑剔。

原文：不听其言也，则无术者不知；不任其身也，则不肖者不知。

（战国·韩非《韩非子·六反》）

句解：不认真分析一个人的言论，就不能知道他是否拥有计谋，不委任一个人做事，就不能分辨他品德的好坏。

原文：缓心而无成，柔茹而寡断，好恶无决，而无所定立者，可亡也。（战国·韩非《韩非子·亡征》）

句解：处理事情缓慢懈怠、无所作为、性情懦弱、优柔寡断，不能判断事物的发展，从来没有取得成功的，最终必然失败。

原文：简法禁而务谋虑，荒封内而恃外援者，可亡也。（战国·韩非《韩非子·亡征》）

句解：忽略法度而专于计谋，不认真治理国政而仅仅依靠外援，必定灭亡。

原文：借之虚辞，则能胜一国；考实按形，不能谩于一人。（战国·韩非《韩非子·外储说上》）

句解：凭借虚伪的言辞，虽然能暂时欺骗一国民众，但如果以客观事实进行检验，就一个人也欺骗不了。

原文：惟贤者必与贤于己者处。（秦·吕不韦《吕氏春秋·观世》）

句解：只有贤德的人才喜欢与比自己更具备贤德的人相处。

原文：竭泽而渔，岂不获得？而明年无鱼。（秦·吕不韦《吕氏春秋·义赏》）

句解：放干了水去捉鱼，怎么能得不到呢？但是到明年就没有鱼了。

原文：今世之人，惑者多以性养物，则不知轻重也。不知轻重，则重者为轻，轻者为重矣。若此，则每动无不败。（秦·吕不韦《吕氏春秋·本生》）

句解：当今的人，迷惑无知，他们多以耗费生命为代价去追求外物，这是不知轻重的表现。如果不知轻重，就会以重为轻，以轻为重了。这样就会采取任何行动都没有不失败的。

原文：以富贵有人易，以贫贱有人难。（秦·吕不韦《吕氏春秋·介立》）

句解：由于富贵而得人相助容易，由于贫贱而得人相助困难。

原文：事之难易，不在小大，务在知时。（秦·吕不韦《吕氏春秋·首时》）

句解：事情的容易程度，不在于大小，关键在于把握时机。

原文：故人虽智，而不遇时，无功。（秦·吕不韦《吕氏春秋·首时》）

句解：人即使很聪明，却没能遇到好时机，也不能建功立业。

原文：道之有篇章形埒者，非至者也。尝之而无味，视之而无形，不可于人。（汉·刘安《淮南子·缪称训》）

句解：有篇章内容和形迹的道，不是最高的道。对于道，品尝它没有味道，观看它没有形体，是不能传授给别人的。

原文：矜伪以惑世，伉行以违众，圣人不以为民俗。（汉·刘安《淮南子·齐俗训》）

句解：以高傲虚伪来迷人惑世，以行为高尚来区别于世人，圣人不认为这是民众的风俗。

原文：世多称古之人而高其行，并世有与同者，而弗知贵也。非才下也，时弗宜也。（汉·刘安《淮南子·齐俗训》）

句解：世上有很多人称颂古人的人，他们认为古人品德高尚，同时代有和古人品行相同的人，却不知道尊重。这并不是才能低下，而是时代不相适宜。

原文：

百川异源，而皆归于海；百家殊业，而皆务于治。（汉·刘安《淮南子·汜论训》）

句解：众多的河流源头不同，但都归向大海；百家从事的事业不同，但都致力于务求于治。

原文：

夫彻于一事，察于一辞，审于一伎，可以曲说，而未可广应也。（汉·刘安《淮南子·泰族训》）

句解：洞彻一件事情，明察一句言辞，精通一门技艺，仅仅能够明白片面之理，而不可能够广泛应对。

原文：知道德而不知世曲，则无以耦万方。（汉·刘安《淮南子·要略训》）

句解：知道道德却不知道世间万物的曲折复杂，就不能应对世间的多种变故。

原文：或誉人，而适足以败之；或毁人，而乃反以成之。（汉·刘安《淮南子·人间训》）

句解：赞美别人却恰恰能击败别人，诋毁别人却反而能成全别人。

原文：惑于恐死反忘生。（汉·刘安《淮南子·汜论训》）

句解：人对死亡感到迷惑，反而会忘记如何生存。

原文：积爱成福，积怨成祸。（汉·刘安《淮南子·人间训》）

句解：积累关爱能够获得福分，积累仇怨将会导致祸患。

原文：鉴见其丑则善鉴。（汉·刘安《淮南子·诠言训》）

句解：镜子能照出自己的丑貌，这就是好镜子。

原文：上交不谄，下交不骄。（汉·扬雄《法言·修身》）

句解：与地位高的人交往不阿谀奉承，与地位低的人交往不骄横跋扈。

原文：万物纷错，则县诸天；众言淆乱，则折诸圣。（汉·扬雄《法言·吾子》）

句解：世间万物纷繁复杂，就要以天道为标准来端正品行；各种言论混淆纷乱，就要以圣人学说为尺度来判断是非。

原文：大寒而后索衣裘，不亦晚乎？（汉·扬雄《法言·寡见》）

句解：天寒地冻之后才去找衣服，不是晚了吗？

原文：通天地人，曰儒；通天地而不通人，曰技。（汉·扬雄《法言·君子》）

句解：对天地人，能够做到融会贯通就叫做儒，只通晓天地而不通晓人事，就叫做一技之长。

原文：劫以刃而失其志者，非勇也。（汉·韩婴《韩诗外传》）

句解：被刀枪所威胁而丧失志气的人，不是勇敢的人。

原文：智者不为非其事，廉者不求非其有。（汉·韩婴《韩诗外传》）

句解：拥有智慧的人不做不该做的事，清洁廉明的人不追求不该有的财物。

原文：患生于忿怒，祸起于纤微。（汉·韩婴《韩诗外传》）

句解：忧患的发生是由于忿怒，祸患的发生是由于细微的事。

原文：君子洁其身而同者合焉，善其音而类者应焉。（汉·韩婴《韩诗外传 >》）

句解：君子品德高尚，这样拥有高尚品德的人就纷纷与他交往，君子说话合乎义理，这样说话合乎义理的人便纷纷与他响应。

原文：君子不畏虎，独畏谗夫之口。（汉·王充《论衡·言毒》）

句解：品德高尚的人不惧怕老虎，只怕无事生非之人的一张嘴。

原文：青蝇所污，常在练素。（汉·王充《论衡·累害》）

句解：苍蝇所污染的东西常常是在白绢上。

原文：画水镂冰，与时消释。（汉·桓谭《新论》）

句解：在水中画画，在冰上雕刻，它们的痕迹很快就会消失。

原文：不谄上而慢下，不厌故而敬新。（汉·王符《潜夫论·交际》）

句解：不奉承上级也不怠慢下属，不厌恶老朋友而喜欢结交新朋友。

原文：不为近重施，不为远遗恩。（汉·桓宽《盐铁论·地广》）

句解：不因为跟自己的关系亲密就施以重赏，也不因为跟自己的关系疏远就忘记与人恩惠。

原文：见机不遂者陨功。（汉·桓宽《盐铁论·击之》）

句解：遇到机会不立即行动起来，就无法成功。

原文：赏必加于有功，刑必断于有罪。（汉·刘向《战国策·秦策》）

句解：赏赐一定要给予有功劳的人，刑罚一定要加给有罪恶的人。

原文：敌不可易，时不可失。（汉·刘向《战国策·秦策》）

句解：敌人不可以轻视，时机不可以错失。

原文：君子交绝，不出恶声。（汉·刘向《战国策·燕策二》）

句解：品德高尚的人之间断绝交往，不说难听的话。

原文：所贵于天下之士者，为人排患释难，解纷乱，而无所取也；即有所取者，是商贾之人也。（汉·刘向《战国策·赵策三》）

句解：天下之士弥足珍贵的品德，是帮助别人排忧解难，消除纠纷，而不要求任何报酬。而那些要求报酬的人，就是商人。

原文：兵不如者，勿与挑战；粟不如者，勿与持久。（汉·刘向《战国策·楚策》）

句解：兵力没有对方强大，就不要向对方宣战；粮食没有对方充足，就不要打持久战。

原文：怀重宝者，不以夜行；任大功者，不以轻敌。（汉·刘向《战国策·赵策》）

句解：身怀重宝的人不在夜里行路，能成就大功的人不会轻敌。

原文：黄钟大吕，不可从繁奏之舞。（汉·刘向《说苑·政理》）

句解：黄钟大吕音节疏阔，不能伴奏复杂的舞蹈。

原文：不乘人于利，不迫人于险。（汉·刘向《新序·杂事》）

句解：君子从不钻别人的空子占便宜，也不会在别人有难的时候对付他。

原文：人能守一，一亦守人。所以白刃无所措其锐，百害无所容其凶，居败能成，在危独安也。（晋·葛洪《抱朴子·内篇·地真》）

句解：如果人能守持住“一”，那么“一”就能守持住人。因此，锋利的刀刃就失去了锋利的作用，各种危害也不能呈现出其凶险，使人能从逆境中成功，转危为安。

原文：登峻者戒在于穷高，济深者祸生于舟重。（晋·葛洪《抱朴子·外篇·博喻》）

句解：攀登高峰的人要避免爬得太高以免摔下来，渡深水的人发生灾祸在于船重。

原文：君子交绝犹无恶言。（晋·葛洪《抱朴子·外篇·交际》）

句解：品德高尚的人断绝交往的时候不会恶语伤人。

原文：君子无以貌取人。（晋·葛洪《抱朴子·外篇·刺骄》）

句解：品德高尚的人不会凭借一个人的外貌来判断他的品行。

原文：禽鱼之结侣，冰炭之同器；欲其久合，安可得哉？（晋·葛洪《抱朴子·外篇·交际》）

句解：飞鸟与鱼结成伴侣，把冰和炭放在同一个器皿里，它们怎能相处的久呢？

原文：微言美事，置于闲散，是缀金翠于足胫，靓粉黛于胸臆。（南朝·梁·刘勰《文心雕龙·事类》）

句解：把精妙的言辞、美好的事物放在无关紧要的地方，就仿佛把金玉翡翠戴在脚踝上，把彩粉抹在胸脯上。

原文：见异唯知音耳。（南朝·梁·刘勰《文心雕龙·知音》）

句解：能够发现奇异的内在之美，只有知音才能做到。

原文：骥足虽骏，纆缨忌长，以万分一累，且废千里。（南朝·梁·刘勰《文心雕龙·总术》）

句解：千里马的脚尽管矫健，但缰绳也忌太长；虽然只是消耗了万分之一的脚力，也不能日行千里。

原文：以势交者，势倾则绝；以利交者，利穷则散。（隋·王通《文中子中说·礼乐》）

句解：凭借权势交往的人，权势消失交情就会断绝；凭借利益交往的人·利益消失交情也就丧失。

原文：君子之学进于身，小人之学进于利。（隋·王通《文中子中说·天地篇》）

句解：品德高尚的人学习的目的在于提高自身修养，而品德低劣的人学习是为了谋取私利。

原文：问使人之道。子曰："无偏。"曰："敢问化人之道。"子曰："正其心。（隋·王通《文中子中说·事君篇》）

句解：（房玄龄）问用人的方法，文中子回答说："不偏向。"房玄龄说："请问，感化人的方法。"文中子回答说："诚心诚意相待。"

原文：子济大川，有风则止，不登高，不履危，不乘悍，不奔驭。（隋·王通《文中子中说·事君篇》）

句解：文中子过大河，遇到大风就停下脚步，不向高处攀登，不向危险处行进，不逞强，不驾车狂奔。

原文：子曰："好动者多难。小不忍，致大灾。"（隋·王通《文中子中说·问易篇》）

句解：文中子说："好动的人多灾多难。不忍耐小事情，就会招致大灾祸。"

原文：子曰："无斗人以名。"（隋·王通《文中子中说·礼乐篇》）

句解：文中子说："不要为名誉而与人争斗。"

原文：子曰："多言不可与远谋，多动不可与久处。吾愿见伪静诈俭者。"（隋·王通《文中子中说·魏相篇》）

句解：文中子说："多言多语的人不要和他作长远的谋划；多动的人不要与他长久的相处。我宁愿见到假装安静、假装勤俭的人。"

原文：不面誉以求亲，不愉悦以苟合。（唐·魏征《群书治要·体论》）

句解：不要奉承别人，以求得对自己的喜欢，也不要谄媚别人以求得一团和气。

原文：为政者，莫善于清其吏也。（唐·魏征《群书治要·刘广别传》）

句解：当官的人没有比让他的下属清廉更好的了。

原文：鸟栖于林，犹恐其不高，复巢于木末；鱼藏于水，犹恐其不深，复穴于窟下。然而为人所获者，皆由贪饵故也。（唐·吴兢《贞观政要·贪鄙》）

句解：鸟在树林中栖息，还唯恐不够高，又把鸟巢筑在树梢上；鱼在水中潜藏，还唯恐不够深，又把穴选在石洞之下，但是最终还是被人捕获，都是由于贪图诱饵的缘故。

原文：赏罚不可轻行。（唐·吴兢《贞观政要·封建》）

句解：赏赐和处罚的措施都不能轻易施行。

原文：为之而欲人不知，言之而欲人不闻，此如捕雀而掩目，盗钟掩耳者，只以取诮将何益乎！（唐·吴兢《贞观政要·公平》）

句解：做了却希望别人不知道，说了却希望别人听不见，这就像掩目捕雀，掩耳盗铃一样只能取笑于人，有什么好处呢？

原文：不勤于始，将悔于终。（唐·吴兢《贞观政要·尊敬师傅》）

句解：如果做事不从一开始就勤奋努力，那么到最后必定会后悔。

原文：丈夫一言许人，千金不易。（宋·司马光《资治通鉴·唐纪》）

句解：英雄豪杰只要做出承诺，就是给千金也不能改变。

原文：兼听则明，偏信则暗。（宋·司马光《资治通鉴·唐纪》）

句解：遇事广泛听取建议就会清醒明白，只相信一方面的话就会头脑昏乱。

原文：物不极则不返，恶不及则不亡。（宋·司马光《资治通鉴·唐纪》）

句解：事物不发展到极端，就不会向相反的方向转化；罪恶不发展到极端，就不会灭亡。

原文：当官力争，不为面从。（宋·司马光《资治通鉴·唐纪》）

句解：面对上司，敢于坚持正确的意见，不能碍于情面而屈从。

原文：系狗当系颈，反系其尾，何得不然！（宋·司马光《资治通鉴·晋纪》）

句解：拴狗就要用绳子拴住狗的脖子，如果反而拴住狗的尾巴，那是不行的！

原文：开直言，广视听，理之萌也。甘谄谀，蔽近习，乱之象也。（宋·司马光《资治通鉴·唐纪》）

句解：开诚布公、广泛听取、全面观察，这是治的开始。喜欢奉承，被自己亲近的人所欺骗，这是乱的征兆。

原文：见黄雀而忘深阱，智者所不为。（宋·司马光《资治通鉴·梁

纪》)

句解：见到黄雀就想马上捉到它，而忘记了前面的陷阱，聪明的人不会这样去做。

原文：万国耳目岂可以机数欺之？(宋·司马光《资治通鉴·唐纪》)

句解：天下万民的聪明才智怎么能用狡诈的手段去欺骗呢？

原文：危人自安，君子弗为也。(宋·司马光《资治通鉴·晋纪》)

句解：危及他人从而使自身得到安全，品德高尚的人是不会这样做的。

原文：君子之心，欲人同其善；小人之心，欲人同其恶。(宋·程颐、程颢《二程集》)

句解：品德高尚的人内心之中，总是希望别人跟他一样善良；而品德卑劣的人内心之中，总是希望别人跟他一样邪恶。

原文：君子之遇事，一于敬而已。(宋·程颐、程颢《二程集》)

句解：品德高尚的人处理事情，只是始终如一地保持恭敬罢了。

原文：不可以一言之中，一事之善，而兼取其大体也。(宋·程颐、程颢《二程集》)

句解：不能因为某个人说了一句正确的话，做了一件善事，就说这个人的所有言行都是正确的。

原文：处事以智，不如守正。(清·申居郧《西岩赘语》)

句解：处事功于心计，不如谨守正道。

原文：轻忽细事，必有重忧。(清·申居郧《西岩赘语》)

句解：轻视忽略细微的事，必会酿成大的忧患。

原文：事以急败，思因缓得。(清·申居鄖《西岩赘语》)

句解：做事情失败的原因是过于急躁，想问题有所收获是因为深思熟虑。

原文：凡居人上，有势分之临，惟以恕存心，乃可以容下。故行动必先謦咳，步远则有前导，燕坐则毋帘窥壁听。是故君子不发人阴私，不掩人之所不及也。(宋·何坦《西畴常言·应世》)

句解：一般居于人上的人，都以势压人，然而只有以宽容之心待人，才能包容下属。所以采取行动之前，一定要先轻轻咳嗽，走向遥远的地方时要请向导指引，休息闲坐时不要去偷听别人的谈话。所以品德高尚的人不谈论他人的隐私，不强迫别人所办不到的事。

原文：为主为宾，无骄无谄；以礼始终，相孚肝胆。（元·许名奎《劝忍百箴·宾主忍》）

句解：无论是当主人，还是当客人，都不要妄自尊大，曲意逢迎，自始至终保持礼义，才会得到人们的信任，肝胆相照。

原文：当厄之与，易于见德；反时之泽，谓之乘机。（明·吴从先《小窗自纪》）

句解：当别人遭遇困难时给予帮助，就容易体现出道德；当别人处于顺境时施以恩惠，就叫投机取巧。

原文：落落者难合，一合便不可分；欣欣者易亲，乍亲忽然成怨。故君子之处世也，宁风霜自挟，无宁鱼鸟亲人。（明·吴从先《小窗自纪》）

句解：孤高傲慢的人不易交往，一旦交往就不能分离；随和开朗的人容易亲近，一旦亲近就会很快心生怨恨。因此君子处世时，宁可对人冷淡疏远，也不能像鱼鸟那样亲近别人。

原文：沾泥带水之累，病根在于恋字；随方逐圆之妙，便宜在于耐字。（明·吴从先《小窗自纪》）

句解：为人处世拖泥带水，症结在于“执著”；为人处世随机应变，关键在于“忍耐”。

原文：杜门之法，只是下帷；忘形之交，惟有识性。（明·吴从先《小窗自纪》）

句解：闭门谢客的最好办法，就是落下帷幕；获得真心相交的朋友，只有彼此兴趣相投。

原文：凡天下可怜之人，皆不自怜之人，故曰无为人所怜；凡天下可爱之物，皆人所共爱之物，故曰不夺人所好。（明·吴从先《小窗自纪》）

句解：凡是天下令人怜悯的人，都是不能自尊自爱的人，因此不要让别人怜悯；凡是天下可爱的事物，一定是大家都喜爱的事物，因此不要夺人所爱。

原文：事到全美处，怨我者不能开指摘之端；行到至污处，爱我者不能施爱护之法。（明·吴从先《小窗自纪》）

句解：事情进行到尽善尽美之时，怨恨我的人也不能开口指责我；行为到极其卑鄙污浊之时，关爱我的人也不能保护我。

原文：求险中之幸者，必有幸中之险；希法外之恩者，不免恩外之法。（明·吴从先《小窗自纪》）

句解：冒险时有侥幸之心，必会遭遇侥幸中的危险；希求私恩而逃避法律制裁的人，无法避免私恩之外的惩罚。

原文：实境阅历，斯耳目之界真；世味备尝，斯口腹之嗜淡。向长安而空笑，过屠门而思嚼，实境真味，将何着落？（明·吴从先《小窗自纪》）

句解：亲临其境亲自阅历，这样才能让自己眼界真实；世间的美味佳肴一一遍尝，这样才能让自己食欲淡薄。如果只是徒劳的羡慕繁华的长安城，路过肉铺而幻想满足食欲，那么真正繁华的长安城又如何到达呢？

原文：简而当事，曲而当情，精而当理，确而当时，一言而济事，一言而服人，一言而明道，是谓修辞之善者。其要有二：曰澄心，曰定气。（明·吕坤《呻吟语·慎言》）

句解：处理事情时，言辞要简洁，表达感情时，言辞要含蓄，阐述道理时，言辞要精辟，分析事物时，言辞要准确。能够用简略的话，完成事情，用简略的话使人佩服，用简略的话阐明道理，这才是能言善辩的人。主要原则有两个方面，一是要心境平和，二是要气定神闲。

原文：两君子无争，相让故也；一君子一小人无争，有容故也。争者，两小人也。（明·吕坤《呻吟语·识见》）

句解：两个品德高尚的人相处，不会争执，这是由于两人都能谦让；一个品德高尚的人和一个品德卑劣的人相处，也不会争执，这是由于君子有宽容之心。如果发生争执，那么两个人都是品德卑劣的人。

原文：责人要含蓄，忌太尽；要委婉，忌太直；要疑似，忌太真。（明·吕坤《呻吟语·识见》）

句解：指责别人要含蓄，说话不要太绝；要委婉，不要过于直率；要虚虚实实的说，不要过于认真。

原文：待小人不难于严，而难于不恶；待君子不难于恭，而难于有礼。（明·洪应明《菜根谭·三十六》）

句解：对待缺乏道德感的小人，能做到的不是对他们态度严厉，难得是在心中不厌恶他们，对待品德高尚的人，难得不是对他们表示尊重，而是像他们一样保持君子风度。

原文：图未就之功，不如保已成之业；悔既往之失，不如防将来之非。（明·洪应明《菜根谭·八十》）

句解：追求将来的利益，不如保住已经获得的利益，后悔以前的过失，不如想办法防止将来的错误。

原文：我有功于人不可念，而过则不可不念；人有恩于我不可忘，而怨则不可不忘。（明·洪应明《菜根谭·五十一》）

句解：对给予别人的帮助，不可念念不忘，而对自己的过错则要牢记于心，别人对我的恩德，我要永远牢记，而对我的埋怨则必须忘记。

原文：处父兄骨肉之变，宜从容不宜激烈；遇朋友交游之失，宜剀切不宜优游。（明·洪应明《菜根谭·一一三》）

句解：家庭中产生矛盾，应该以从容不迫的态度予以化解，而不能以暴怒的态度来激化矛盾，与朋友交往，一旦朋友有了过失，要诚恳的予以指出，而不能视若无睹、置身事外。

原文：炎凉之态，富贵更甚于贫贱；妒忌之心，骨肉尤狠于外人。此处若不当以冷肠，御以平气，鲜不日坐烦恼障中矣。（明·洪应明《菜根谭·一三五》）

句解：趋炎附势的态度，富贵之人比贫穷之人更严重；嫉妒的心理，亲人之间比外人更狠辣。对这种令人心寒的情况，如不能以冷静的态度和平和的心理来对待，那就会整天陷在烦恼的困扰中。

原文：事有急之不白者，宽之或自明，毋躁急以速其忿；人有操之不从者，纵之或自化，毋躁切以益其顽。（明·洪应明《菜根谭·一五二》）

句解：遇事因急切而糊涂时，放松心情，或许就可明白，不要因急切而不能自拔，办事有不顺利时，心态平和，或许就能自然转化，不要因为烦躁而更加顽固。

原文：谢事当谢于正盛之时，居身宜居于独后之地，谨德须谨于至微之事，施恩务施于不报之人。（明·洪应明《菜根谭·一五四》）

句解：辞官隐居应该在最顺利、最鼎盛的时候，处事安居应该在避免争斗的偏僻之地，谨慎的言行应该在不易察觉的细微小事上，帮助别人要帮助那些没能力回报的人。

原文：遇欺诈之人，以诚心感动之；遇暴戾之人，以和气熏蒸之；遇倾邪私曲之人，以名义气节激励之。天下无不入我陶冶中矣。（明·洪应明《菜根谭·一七六》）

句解：遇到玩弄伎俩的人，要以真诚之心感动他，遇到凶狠残暴的人，要以温柔之情去感染他，遇到奸邪自私的小人，要以气节和操守来激励他，拥有这样的胸怀，世上各种各样的人都可以被感染教化。

原文：持身不可太皎洁，一切污辱垢秽要茹纳得；与人不可太分明，一切善恶贤愚要包容得。（明·洪应明《菜根谭·一八五》）

句解：做人不能过于清高，各种不洁之物都要有宽广的胸怀予以容纳，与朋友交往也不要过于分明，各种品行的人，都要以宽广的胸襟予以包容。

原文：用人不宜刻，刻则思效者去；交友不宜滥，滥则贡谀者来。（明·洪应明《菜根谭·二〇七》）

句解：用人不能过于刻薄，刻薄那些想效力的人，就会离去，交朋友不能太多，太多那些谄媚的人，就会前来。

原文：奢者不特用度过侈之谓，凡多视多言多动，皆是暴殄天物。（明·陈继儒《安得长者言》）

句解：所谓奢侈不仅仅指过度地奢靡浪费，所有多看、多说、多做的都是暴殄天物。

原文：人心大同处，莫生异同。大同处即是公论，公论处即是天理，天理处即是元气。若于此处犯手者，老氏所谓勇乎敢则杀也。（明·陈继儒《安得长者言》）

句解：对人们看法一致的地方，不要产生不同的看法。看法一致就是公论，所谓公论就是符合事实，符合事实就是事物的本质。如果在这一点上触犯众怒、违背事实，就会落入老子所说的那般境地：敢于挑战天道的人必死。

原文：好谭闺门，及好谈乱者，必为鬼神所怒。非有奇祸，则有奇穷。（明·陈继儒《安得长者言》）

句解：喜欢谈论女色和淫乱的人，一定会使鬼神愤怒。不是遭遇横祸，就是遭遇贫困。

原文：人之交友，不出趣味两字。有以趣胜者，有以味胜者，有趣味俱乏者，有趣味俱全者，然宁饶于味，而无宁饶于趣。（明·陈继儒《安得长者言》）

句解：人们结交朋友的方式，不会超出“趣味”的范围。有的人以风趣取胜，有的人以意味见长，有的人无趣无味，有的人趣味兼备，但是宁肯选择意味深长的朋友也不要选择谈吐风趣的朋友。

原文：泛交则多费，多费则多营，多营则多求，多求则多辱。（明·陈继儒《安得长者言》）

句解：广泛结交朋友花费就会很多，花费过多就要多多获取，多多获取就会广泛求人，广泛求人就会经常遭受侮辱。

原文：凡奴仆得罪于人者，不可恕也；得罪于我者，可恕也。（明·陈继儒《安得长者言》）

句解：凡是家中的佣人得罪了别人，就不能饶恕；假如是得罪了我本人，就可以原谅。

原文：富贵家宜劝他宽，聪明人宜劝他厚。（明·陈继儒《安得长者言》）

句解：对于富贵的人，应该劝他处事宽容；对于精明的人，应该劝他为人忠厚。

原文：一人向隅，满堂不乐；一人疾言遽色，怒气噗人，人宁有怡者乎？（明·陈继儒《安得长者言》）

句解：如果一个人独自闷闷不乐地向隅而坐，那么所有的人都不会高兴；如果一个人疾言厉色、怒气冲冲，那么大家怎么会高兴呢？

原文：填不满贪海，攻不破疑城。（明·陈继儒《小窗幽记·韵卷》）

句解：贪婪的欲望像海一样无边无际，永远无法满足；人们之间的猜疑，像坚厚的城墙一样，难以攻破。

原文：任他极有见识，看得假认不得真；随你极有聪明，卖得巧藏不得拙。（明·陈继儒《小窗幽记·峭卷》）

句解：任凭一个人拥有极高的见识，也只能看破虚假的东西，而很难看出真实的存在；不管一个人拥有多么深的智慧，如果卖弄自己，也会露出拙劣之处。

原文：成名每在穷苦日，败事多因得志时。（明·陈继儒《小窗幽记·灵卷》）

句解：成功往往在贫穷困苦之时，失败往往因为志得意满。

原文：待客当洁不当侈，无论不能继，亦非所以惜福。（明·陈继儒《小窗幽记·素卷》）

句解：招待朋友，应当简洁而不该奢侈，如果奢侈不但难以为继，而且也是不珍惜好运。

原文：不能用世而故为玩世，只恐遇着真英雄；不能经世而故为欺世，只好对着假豪杰。（明·陈继儒《小窗幽记·豪卷》）

句解：没有能力在社会上发挥才干，就表现出玩世不恭的样子，这种人一旦遇到有真才实学的人，就会惭愧；没有能力管理社会，就以种种伎俩欺骗社会，这种人只能跟那些伪君子同流合污。

原文：为文而欲一世之人好，吾悲其为文；为人而欲一世之人好，吾悲其为人。（明·陈继儒《小窗幽记·豪卷》）

句解：写文章如果期望得到所有人的称赞，我为这种文章感到悲哀，做人如果期望得到所有人的喜欢，我对这样的人感到痛心。

原文：明养于静而丧于耀，勇昌于平而沮于愎。（明·薛应旗《薛方山纪述》）

句解：聪明来自于平和的心态，而丧失于自我炫耀；勇气来源于心平气和，而毁灭于刚愎自用。

原文：人不自重，斯召侮矣；不自强，斯召辱矣。自重自强，而侮辱犹是焉，其斯为无妄之灾也已。（明·薛应旗《薛方山纪述》）

句解：如果人不能自重，就会被别人欺侮；如果人不自强，就会被别人羞辱。能够做到自重自强，却仍然遭到别人的侮辱，那就是难以预料的灾祸了。

原文：良臣于君，尽心而已尔，不以远近异其忠；贞士于友，尽心而已尔，不以从违二其信。（明·薛应旗《薛方山纪述》）

句解：良臣对于君主而言，只知道尽心尽力去辅佐罢了，绝不因君主是否恩宠自己而改变忠心；贞士对于朋友而言，只知道以诚相待而已，绝不因其朋友是否赞同自己而违背朋友的信任。

原文：炫才则嫉来，矜名则毁集，由是任事人忌其成也，由是总权人忌其专也。其中介以正、其外巽以达，其庶几乎。（明·薛应旗《薛方山纪述》）

句解：炫耀才能就会招来忌恨，徒好虚名就会招来诋毁，因为别人唯恐他会取得成功，因为掌权者对他心存猜疑。如果能做到真诚坦率、公平正直，外表谦恭、行为有礼，那么情况就不同了。

原文：天下无憨人，岂可妄行欺诈？世上皆苦人，何能独享安闲？（清·王永斌《围炉夜话·卷二》）

句解：天下没有真正的愚蠢之人，怎么能任意去欺诈他人呢？世上都是吃苦的人，怎么能独自享受安闲呢？

原文：常思某人境界不及我，某人命运不及我，则可以自足矣。（清·王永斌《围炉夜话·卷一》）

句解：经常想到有些人的处境比自己差，有些人的命运也比不了自己，这样自己就可以知足了。

原文：知道自家是何等身份，则不敢虚骄矣。（清·王永斌《围炉夜话·卷一》）

句解：对自己的能力和地位有准确的把握，就不敢骄横跋扈了，想到以后可悲的下场，就会发奋努力了。

原文：富贵易生祸端，必忠厚谦恭，才无大患。（清·王永斌《围炉夜话·卷一》）

句解：富贵容易招致灾祸，只有保持忠厚谦恭的态度，对待世人才能避免灾祸。

原文：自奉必减几分方好，处世能退一步为高。（清·王永斌《围炉夜话·卷二》）

句解：对待自己，一定要减去一些安逸的享受，才是明智的，为人处事能够退一步考虑，才是高明的。

原文：凡遇事物突来，必熟思审处，恐贻后悔。（清·王永斌《围炉夜话·卷二》）

句解：任何时候遇到突然事件，一定要周密的考虑，以免贸然行事而导致后悔。

原文：事当难处之时，只让退一步，便容易处矣。（清·王永斌《围炉夜话·卷三》）

句解：事情难以解决的时候，只要能退一步考虑，便能找到正确的方法。

原文：知过能改，便是圣人之徒。恶恶太严，终为君子之病。（清·王永斌《围炉夜话·卷三》）

句解：发现过错能及时改正，就是圣人的弟子，批评恶人太严厉、太尖锐，最终会成为君子的过失。

原文：把自己太看高了，便不能长进。把自己太看低了，便不能振兴。（清·王永斌《围炉夜话·卷三》）

句解：如果把自己的才能看得太高，就不能取得进步，如果把自己的才能看得太低，就不能鼓起勇气。

原文：何者为益友？凡事肯规我之过者是也。（清·王永斌《围炉夜话·卷三》）

句解：什么朋友才算好朋友呢？处理任何事情，都愿意指出我的过错的人，就是好朋友。

原文：小心谨慎者，必善其后，惕则无咎也。（清·王永斌《围炉夜话·卷三》）

句解：小心谨慎的人，处理事情一定会考虑后果，提高警惕之心，就不会犯下错误。

原文：做一事不可苟。（明·薛瑄《从政录》）

句解：身居官位的人做任何一件事都不能马马虎虎。

原文：与人言宜和气从容，气忿则不平，色厉则取怨。（明·薛瑄《从政录》）

句解：身居官位的人和他人说话时最好是态度随和、从容不迫，如果情绪忿怒就会办事不公，如果外貌严厉就会招来怨恨。

原文：处人之难处者，正不必厉声色与之辩是非、较长短，惟谨于自修，愈谦愈约，彼将自服。不服者妄人也，又何校焉？（明·薛瑄《从政录》）

句解：居于官位的人与刁钻的人大叫道时，如果自身公正就不必用严厉的态度与对方争辩是非、计较短长，只要时时注重自身的修养，越谦虚，越简约，对方自然就会服从。那些不服从的人，都是虚妄之徒，又何必与他们计较呢？

原文：以己之廉，病人之贪，取怨之道也。（明·薛瑄《从政录》）

句解：居于官位的人用自己的廉洁修养，来攻击他人的贪婪之举，这是招惹怨恨的根本原因。

原文：一毫省察之不至，即处事失宜，而悔吝随之，不可不慎。（明·薛瑄《从政录》）

句解：居于官位的人在做事时若不能体察入微，那么就会处事不当，悔恨也会随之而来，因此处事不可不谨慎。

原文：处事当沉重详细坚正，不可轻浮忽略。（明·薛瑄《从政录》）

句解：居于官位的人处事时要沉着稳重、细致入微、信心坚定，绝不可心浮气躁、掉以轻心。

原文：名节至大，不可妄交非类，以坏名节。（明·薛瑄《从政录》）

句解：居于官位的人名誉与节操是最为重要的，因此绝不可和品行不端正的人随意交往，以免损害自己的名誉与节操。

原文：于人之微贱，皆当以诚敬待之，不可忽慢。（明·薛瑄《从政录》）

句解：居于官位的人对待地位低微和出身贫贱的人，都应当以诚相待，绝不能轻忽怠慢。

原文：大臣行事，当远虑后来之患，虽小事不可启其端。（明·薛瑄《从政录》）

句解：居于官位的人处理事情，应预防今后的祸患，即使面对微小之事也必须防患于未然。

原文：事事不放过，而皆欲合理，则积久而业广矣。（明·薛瑄《从政录》）

句解：居于官位的人对所面对的事情每一件都认真对待，并都要求合乎情理，那么长期积累功绩就会很大。

原文：一动于欲，欲迷则昏。一任乎气，气偏则戾。（清·金缨《格言联璧·存养类》）

句解：心思为意念所动，欲念使人迷惑，就会陷入昏聩。一旦意气用事，意气使人偏执，就会产生暴戾。

原文：休诿罪于气化！一切责之人事。休过望于世间！一切求之我身。（清·金缨《格言联璧·持躬类》）

句解：不要把错误推诿于外界，所有事都怪罪其他的人与事，不要寄太大希望于他人外物，所有事都应该求助于自身。

原文：以恕己之心恕人，则全交。以责人之心责己，则寡过。（清·金缨《格言联璧·持躬类》）

句解：以宽恕自己的态度宽容别人，好友就会与日俱增。以责备他人的态度，责备自己，就能少犯错误。

原文：对失意人，莫谈得意事！处得意日，莫忘失意时。（清·金缨《格言联璧·持躬类》）

句解：在失意的人面前，不要谈论高兴的事，意得志满时，不要忘记失意的时候。

原文：事不可做尽，言不可道尽，势不可倚尽，福不可享尽。（清·金缨《格言联璧·持躬类》）

句解：做事不能做绝，说话不能说到极处，势利不可全部依靠，福气不可完全享受。

原文：胆欲大，心欲小，智欲圆，行欲方。（清·金缨《格言联璧·持躬类》）

句解：胆量要大，心思要细，智慧要圆，行为要方。

原文：君子之事上也，必忠以敬，其接下也，必谦以和。小人之事上也，必谄必媚，其待下也，必傲以忽。（清·金缨《格言联璧·敦品类》）

句解：品德高尚的人，对待上级必定忠心耿耿而敬畏，对待下属，必定谦逊而和蔼。品德低下的人，对待上级必定阿谀奉承，对待下级必定傲慢而漠视。

原文：贵人之前莫言贱，彼将谓我求其荐。富人之前莫言贫，彼将谓我求其怜。（清·金缨《格言联璧·敦品类》）

句解：在高贵的人面前，不要说自己低贱，否则他会认为我欲求他推荐。在富有的人面前，不要说自己贫穷，否则他会认为我祈求他怜悯。

原文：缓事宜急干，敏则有功。急事宜缓办，忙则多错。（清·金缨《格言联璧·处世类》）

句解：不需紧急处理的事，应该抓紧干，及时而快速，效率就高；需要紧急办理的事，应该慢点干，慌忙的干就容易出现错误。

原文：见事贵乎明理，处事贵乎心公。（清·金缨《格言联璧·处世类》）

句解：看待事情，可贵之处在于明白道理，处理事情，可贵之处在于内心公正。

原文：是非窝里，人用口，我用耳。热闹场中，人向前，我落后。（清·金缨《格言联璧·接物类》）

句解：在是是非非面前，别人说话我倾听，在热闹的场所别人向前走，我则向后退。

原文：处事须留余地，责善切戒尽言。（清·金缨《格言联璧·接物类》）

句解：做事必须留有回旋的余地，劝人行善，千万不能把话说尽。

原文：小人固当远，然断不可显为仇敌。君子固当亲，然亦不可曲为附和。（清·金缨《格言联璧·接物类》）

句解：品德卑劣的人固然应当疏远，但绝不能显出与他为敌。品德高尚的人固然应当接近，但也不必曲意迎合。

原文：律己宜带秋风，处世须带春风。（清·金缨《格言联璧·处世类》）

句解：约束要求自己，应该像秋风一般无情，为人处事，必须像春风一样温暖。

原文：静坐常思己过，闲谈莫论人非。（清·金缨《格言联璧·接物类》）

句解：一人独处时，要常常反省自己的过失；闲聊闲谈时，不要议论别人的错误。

原文：临事须替别人想，论人先将自己想。（清·金缨《格言联璧·接物类》）

句解：遇到事情一定要替别人着想，议论人之前，先好好想想自己。

原文：做本色人，说根心话，干近情事。（清·金缨《格言联璧·惠言类》）

句解：做真实的人，说真心的话，干合情合理的事。

原文：气忌盛，心忌满，才忌露。（清·金缨《格言联璧·存养类》）

句解：脾气切忌太大，心性切忌自满，才气切忌外露。

原文：聪明者戒太察，刚强者戒太暴，温良者戒无断。（清·金缨《格言联璧·持躬类》）

句解：聪明的人，不要太过聪明。刚强的人，不要太过暴躁。温良的人，不要优柔寡断。

原文：交不忠兮怨长。（战国·楚·屈原《云中君》）

句解：相互交往而不忠诚，就会滋长怨恨。

原文：得全者昌，失全者亡。（汉·枚乘《上书谏吴王》）

句解：行为举止没有瑕疵的人，他的事业必定昌盛，行为举止不检点的人就会招致灭亡。

原文：跌而不振，则悔之亡及也。（汉·晁错《言兵事疏》）

句解：遭受挫折就一蹶不振，那么后悔都来不及了。

原文：或有说于目，顺于耳，快于心，而毁于行事。（汉·东方朔《非有先生论》）

句解：有的人爱看高兴的事，爱听顺耳的话，爱做顺心的事，一旦做事往往会把事情办糟。

原文：将贪财则奸不禁，将内顾则士卒慕。（汉·黄石公《三略》）

句解：如果将领贪财，那么下属就会盗窃，如果将领思家，那么士兵就会仿效。

原文：去一利百，民乃慕泽；去一利万，政乃不乱。（汉·黄石公《三略》）

句解：除去一个恶人有利于上百人，人民就会仰慕君主的恩泽；除去一个恶人有利于上万人，政治就不会混乱。

原文：奢未及侈，俭而不陋。（汉·张衡《西京赋》）

句解：奢侈却没达到浪费的地步，节俭却没达到简陋的地步。

原文：为可为于可为之时，则从。（汉·扬雄《解嘲》）

句解：该行动的时候采取行动，便会取得成功。

原文：见善若惊，疾恶如仇。(汉·孔融《荐祢衡表》)

句解：见到善举就惊喜，见到恶行就仇视。

原文：不倍兵以攻弱，不恃众以轻敌。(三国·蜀·诸葛亮《将诫》)

句解：不凭借兵力多而攻击弱者，不凭借人数多而轻视敌人。

原文：街谈巷说，必有可采。(三国·魏·曹植《与杨德祖书》)

句解：街谈巷议的传闻，一定有可以采纳的内容。

原文：妄进者若卵投石，逃诛者若走赴深。(晋·杨泉《物理论·卷一》)

句解：贸然进攻的人就如同用鸡蛋碰石头，逃避惩罚的人就仿佛奔赴深渊。

原文：清浊必异源，凫凤不并翔。(晋·傅玄《和秋胡行》)

句解：水之所以有清有浊是因为水的源头不一样，野鸭和凤凰不会在一起飞翔。

原文：德难为而言易饰也。(晋·傅玄《傅子·戒言篇》)

句解：高尚的品德难以施行，华丽的语言容易矫饰。

原文：祸莫大于无信。(晋·傅玄《傅子·义信篇》)

句解：祸患没有比缺乏诚信更大的了。

原文：见人有私欲，必以正道矫之。(晋·傅玄《傅子·矫违》)

句解：看到别人有私心私欲，一定要用高尚的道德去帮他改正。

原文：赏不避疏贱，罚不避亲贵。(晋·杨泉《物理论·卷一》)

句解：奖赏不要抛开关系远、地位低的人，惩罚不要回避关系近、地位高的人。

原文：巧伪不如拙诚。(南朝·宋·颜之推《颜氏家训·名实篇》)

句解：巧诈虚伪不如拙笨真诚。

原文：上邪下难正，众枉不可矫。(南朝·宋·何承天《上邪篇》)

句解：居上位的人行为不端正，居下位的人就很难端正自身，一旦大家都不检点，就很难纠正了。

原文：见人之得，如己之得，则美无不克。（五代·前蜀·贯休《续姚梁公座右铭·并序》）

句解：看到别人有所收获，仿佛自己有所收获，这样就能时时刻刻成人之美。

原文：敌存灭祸，敌去召过。（唐·柳宗元《敌戒》）

句解：敌人存在就可以免除灾祸，敌人离开就容易招来过失。

原文：将之术胜者，先致爱于兵。（唐·武则天《臣轨下·良将章》）

句解：为将的方法最高明的地方是，首先爱护自己的士兵。

原文：唯当金石交，可以圣达论。（唐·孟郊《审交》）

句解：只有像金石那样坚固的交情，才能算得上是高尚的友谊。

原文：病人之病，忧人之忧。（唐·白居易《策林》）

句解：把别人的缺点当成自己的缺点，把别人的忧虑当成自己的忧虑。

原文：惮势而交人，势劣而交道息；希利而友人，利薄而友道退。（唐·皮日休《皮日休文集·鹿门隐书六十篇》）

句解：因畏惧权势而结交朋友，等到权力丧失交情便随之而停止；因贪图利益而结交朋友，等到利益小了友谊便随之而终止。

原文：毁人者失其直，誉人者失其实，近于乡原之人哉。（《皮日休文集·鹿门隐书六十篇》）

句解：不公正地诋毁别人就失去正直，毫无根据地夸奖别人就失去真实，这和言行不一、虚伪狡诈的人是相似的。

原文：箭在弦上，不得不发。（宋·李昉《太平御览》）

句解：箭在满弦之上，没办法不射出。

原文：请三思，而行可矣。（宋·辛弃疾《瓢泉之什·哨遍》）

句解：深思熟虑之后就可以采取行动了。

原文：劝人不可指其过，须先美其长。人喜则语言易人，怒则言语难入。（宋·吴曾《能改斋漫录·李逢吉裴度谏穆宗》）

句解：劝诫别人不要指责他的过失，而首先要肯定他的优点。别人高兴时容易听进劝说，愤怒时则很难听进劝告。

原文：舍善不为，谓之自贼。（宋·林逋《省心录》）

句解：舍弃善事不做，这叫做自己伤害自己。

原文：为善如负重登山，志虽已确，而力犹恐不及；为恶如乘骏马走坡，虽不加鞭策，而足亦不能制。（宋·林遣《省心录》）

句解：做善事就像背上重物登山，志向虽然已经明确，但担心力量不够；做坏事如同乘骏马走下坡路，尽管不用鞭子抽打，马也不能收住脚步。

原文：贤者之处世，皆以得时为至难。（宋·苏轼《贺吴副枢启》）

句解：贤能的人立身处世，都是以获得时机为最难的。

原文：祸之作，不作于作之日，亦必有所由兆。（宋·苏洵《管仲论》）

句解：祸患的发生并不是在它发生之日才发生的，而是必定有它的原因和前兆。

原文：强辩者饰非，谦恭者无争。（宋·林逋《省心录》）

句解：善于辩论的人常常掩盖过失，谦虚谨慎的人不与人争论。

原文：火之炎上，水之就下；顺其情，则烹饪之功成，灌溉之利博。（宋·林逋《省心录》）

句解：火向上烧，水向下流，顺应水和火的特点，就能用火烹饪饭菜，引水灌溉粮田。

原文：见人之过，得己之过；闻人之过，得己之过。（宋·杨万里《庸言》）

句解：看见别人的错误，就知道自己的错误了，听说别人的缺点，就知道自己的缺点了。

原文：不深思则不能造于道，不深思而得者，其得易失。（宋·晁说之《晁氏客语》）

句解：不深入思考就不能掌握规律，不经过深入思考而获得的知识，虽然得到了也很容易丧失。

原文：今人有过，不喜人规，如护疾而忌医，宁灭其身而无悟也。（宋·周敦颐《通书·过》）

句解：如今的人有了过错而不愿意接受别人的规劝，就如同隐瞒疾病而忌恨医生一样，宁肯毁灭自己也不醒悟。

原文：推古验今，所以不惑。（宋·张商英《素书·一》）

句解：研究历史，检验当今，面临是是非非才能不迷惑。

原文：轻与必滥取，易信必易疑。（明·薛瑄《薛文清公读书录·从政》）

句解：随意送给别人东西，必然会随便拿别人的东西，轻信的人必然容易产生怀疑的心理。

原文：前门拒虎，后门进狼。（元·赵雪航《评史》）

句解：前门挡住了猛虎，后门又进来了豺狼。

原文：为政者不难于始，而难于克终也。（元·张养浩《牧民忠告》卷下）

句解：居于官位的人有好的开端并不难，但能坚持到底就不容易了。

原文：传闻之言无实，无实即唐丧唾津矣。（明·施耐庵《水浒传·序》）

句解：流言蜚语是不真实的，如果去谈论不实之言，就是白费口舌了。

原文：德未成而先以功业为事，是代大匠斫，希不伤手也。（明·王阳明《近思录·卷二》）

句解：品德还未修成就想建功立业，就像是替木匠砍木头，很少不伤手的。

原文：万事俱备，只欠东风。（明·罗贯中《三国演义·第四十九回》）

句解：一切都准备好了，只差东风吹来。

原文：受人之托，忠人之事。（明·冯梦龙《警世通言·王娇莺百年长恨》）

句解：接受别人的托付，就要忠实地为人办事。

原文：信，国之宝也，民之所凭也。（明·冯梦龙《东两列国志》第三十八回）

句解：诚信，是国家的宝物，国民的依靠。

原文：不可以私意喜一人，不可以私意怒一人。（明·胡居仁《居业录·学问》）

句解：不能从自己的利益出发而欣赏一个人，也不能从自己的利益出发而怨恨一个人。

原文：不可以一时之誉，断其为君子；不可以一时之谤，断其为小人。（明·冯梦龙《警世通言·拗相公饮恨半山堂》）

句解：不能根据一个人一时的好声誉来判断他就是君子，也不能根据一个人一时的坏名声来断定他就是小人。

原文：取友必须端，休将戏谑看。（明·冯梦龙《喻世明言·卷二十一》）

句解：选择朋友必须谨慎持重，不要把交友当成儿戏看待。

原文：打虎还得亲兄弟，上阵须教子弟兵。（明·吴承恩《西游记·第八十一回》）

句解：比喻面临危险必须是最亲近的人才能同心协力。

原文：悔悟于后，不若省察于前。（明·胡居仁《居业录·学问》）

句解：事后痛悔了悟，不如事前考虑周全。

原文：打蛇勿死终有害。（清·王有光《吴下谚联》）

句解：打蛇未使蛇毙命终究会有贻害。

原文：家有万贯，不如出个硬汉。（清·钱大昕《恒言录·卷六》）

句解：即使家财万贯，也不如出个顶天立地的硬汉子。

原文：切莫为力量所不能为之事！（清·陆世仪《思辨录》）

句解：千万不要做能力达不到的事情。

原文：刀尖上的日子，能过几时？（清·华广生编《白雪遗音·卷二》）

句解：如同面临刀尖一样危险的日子，能过几天呢？

原文：荒迷不悟，则倾覆及之。（清·蒲松龄《聊斋志异·嫦娥》）

句解：慌慌张张而又执迷不悟，失败立即就会到来。

原文：处有事当如无事，处大事当如小事。（《琼琚佩语·政术》）

句解：遇到紧急事故就像没事一样，处理重大事务就像处理小事一样。

原文：丁是丁，卯是卯。（清·曹雪芹《红楼梦·第四十三回》）

句解：做事严谨认真，坚持原则。

原文：既有今日，何必当初！（清·曹雪芹《红楼梦·第二十八回》）

句解：如果知道有今天的悲惨结局，当初何必非要做呢？

原文：万两黄金容易得，知心一个也难求。（清·曹雪芹《红楼梦·第五十七回》）

句解：黄金万两也容易获得，得到一个真心朋友也是非常难的。

原文：舍得一身剐，敢把皇帝拉下马。（清·曹雪芹《红楼梦·第六十八回》）

句解：宁肯付出千刀万剐的代价，也要去实现难以达到的目标。

原文：为惠而望报，不如勿为。（清·冯班《钝吟杂录·家戒》）

句解：给别人一点帮助，就希望别人报恩，还不如不去做。

原文：患难之来，当以心制境，不当以境役心，处处体认，则顺境反不若逆境之受益矣。（清·顾有孝《与吴汉槎书》）

句解：当患难来临的时候，要用意志战胜不利的环境，不要被环境所制约，而且要处处认真体会。如果不这样做，那么处于顺境之时反而不如处逆境之中所获得的收获大。

原文：不独为利而仕不可，为名亦不可。（清·王豫《蕉窗日记》卷二）

句解：不仅仅为牟利而做官是不对的，为名声而做官也是不对的。

原文：不可乘喜而多言，不可乘快而易事。（清·王豫《蕉窗日二）

句解：不能在高兴之时多言多语，不能在快乐之时轻易做事。

原文：不是撑船手，休来弄竹竿。（清·李宝嘉《官场现形记·第三十二回》）

句解：不是撑船的船夫，就不要随意摆弄竹竿。

原文："聪明"二字不可以自许，"慷慨"二字不可以望人。（清·李惺《西沤外集·药言》）

句解：不能自认为聪明，不能希望他人慷慨。

原文：大丈夫能屈能伸。（清·李宝嘉《文明小史·第三十六回》）

句解：英雄豪杰处于困境时，能忍受屈辱；处于顺境时，能施展抱负。

原文：道是生姜树上生，不应一世也随声。（清·钱大昕《恒言录·卷六》）

句解：别人说生姜是在树上长的，你不应该随声附和。

原文：话虽来到口边，三思更好。（清·梁章巨《浪迹丛谈·巧对补录》）

句解：说话之前要认真考虑。

原文：及之而后知，履之而后艰。（清·魏源《默觚·学篇》）

句解：接触之后才能了解实际情况，采取行动之后才能体会做事的艰难。

原文：际兹国步艰难，方当拨乱反正。（清·冯桂芬《复庄卫生书》）

句解：当国家处于危难之际时，才应当拨乱反正。

七 交友智慧

人生最大的痛苦莫过于孤独与寂寞。在挫折之中，在失败之后，在困惑和迷茫之时，来自朋友的一句鼓励和安慰会像春风一样温暖受伤的心。而在成功之后与朋友分享胜利的喜悦，则是人生的巅峰体验。人生得一知己足矣。但是，怎样才能得到知己，交友的原则和方法是什么？请体会先哲的教诲。

原文：同声则异而相应，意合则未见而相亲。（《大戴礼记·保傅》）

句解：相同的见解会使不同的人互相应和，志向相同会不见面而互相亲近。

原文：蓬生麻中，不扶自直；白沙在泥，与之皆黑。（《大戴礼记·曾子制言上》）

句解：蓬草与大麻生长在一起，不用扶助就能挺直；白沙和污泥混在一起，就与污泥一起成为黑色。

原文：人之相与也，譬如舟车然，相济达也。己先则援之，彼先则推之。是故人非人不济，马非马不走，土非土不高，水非水不流。（《大戴礼记·曾子制言上》）

句解：人与人相交共事，就仿佛船只车辆时用来到达目的地的；自己处于前面就拉后面的人，别人处于前面就推前面的人。因此人没有别人帮忙就不能成功，马没有其它的马比较就不能奔跑，土没有其它的土堆积就不能高耸，水没有其它的水汇聚不能流动。

原文：富以苟，不如贫以誉；生以辱，不如死以荣。辱可避，避之而已矣；及其不可避也，君子视死若归。（《大戴礼记·曾子制言上》）

句解：富有而苟且，不如贫穷而有声誉，活着而蒙侮辱，不如死去而获得光荣。侮辱可以避免，就尽量避免；到了不可避免的时候，君子把死亡看成回家一样。

原文：良贾深藏如虚，君子有盛教如无。（《大戴礼记·曾子制言上》）

句解：精明的商人隐其宝货，如同没有财产，君子身怀高尚的品德，容貌上仿佛德行不足。

原文：与君子游，苾乎如入兰芷之室，久而不闻，则与之化矣；与小人游，贷乎如入鲍鱼之次，久而不闻，则与之化矣。是故君子慎其所去就。与君子游，如长日加益而不自知也；与小人游，如履薄冰，每履而下，几何而不陷乎哉！（《大戴礼记·曾子疾病》）

句解：与君子交往，其馨香如同进入栽种兰花白芷的房子，时间久了闻不出香气，却与之潜移默化了；与小人交往，其臭气就像进入了出售鲍鱼的店铺，时间久了闻不出腥气，却与之潜移默化了。因此君子对去留进退非常谨慎。与君子交往，天长日久德业增益，自己却不觉得；与小人交往，仿佛脚踩薄冰，每次踩都陷下去一些，时间久了哪里会不完全陷没呢！

原文：身修而后家齐，家齐而后国治，国治而后天下平。（《礼记·大学》）

句解：自身具备高尚的品德之后，家族才能得到治理，家族得到治理之后，国家才能得到治理，国家得到治理之后，天下才能安定太平。

原文：苛政猛于虎也。（《礼记·檀弓下》）

句解：苛刻繁重的徭役和赋税，比老虎还凶猛。

原文：送往迎来，嘉善而矜不能，所以柔远人也。(《礼记·中庸》)

句解：迎来送往，奖赏有才能的人同情能力低下的人，是为了怀柔远方的民众。

原文：少而无父者谓之孤，老而无子者谓之独，老而无妻者谓之矜，老而无夫者谓之寡。(《礼记·王制》)

句解：年幼而失去父亲的人，叫做“孤”；年老而没有子女的人，叫做“独”；年老而失去妻子的人叫做“矜”；年老而失去丈夫的人叫做“寡”。

原文：入竟而问禁，入国而问俗，入门而问讳。(《礼记·曲礼上》)

句解：进入一个地区要问问有哪些禁忌；进入一个国家要问问有哪些风俗；进入一个家庭要问问有哪些避讳。

原文：往而不来，非礼也；来而不往，亦非礼也。(《礼记·曲礼上》)

句解：往而不来是违背礼义的，来而不往也是违背礼义的。

原文：甘受和，白受采。忠信之人，可以学礼。苟无忠信之人，则礼不虚道，是以得其人之为贵也。(《礼记·礼器》)

句解：甜味能接受五种味道的调和，白色能接受五种色彩的涂抹。忠诚信实的人，可以学习礼义。如果没有得到忠诚信实的人，礼义就不能凭空实行，因此得到适宜的人是极为可贵的。

原文：君子和而不流，强哉矫！中立而不倚，强哉矫！国有道，不变塞焉，强哉矫！国无道，至死不变，强哉矫！(《礼记·中庸》)

句解：君子性情平和而不随波逐流，多么坚强啊！处世中正独立而不偏不倚，多么坚强啊！国家安定也不改变贫穷时的节操，国家混乱宁死也不改变气节，多么坚强啊！

原文：亲仁善邻，国之宝也。（春秋·左丘明《左氏春秋·隐公六年》)

句解：亲近仁德之人，善待比邻之邦，这种政策是国家之宝。

原文：求逞于人，不可；与人同欲，尽济。（春秋·左丘明《左氏春秋·昭公四年》)

句解：希望在别人身上获得利益，别人一定反对；与他人的愿望相同一定能获得成功。

原文：察其所好恶，则其长短可知也；观其交游，则其贤不肖可察也。（春秋·管仲《管子·权修》）

句解：观察一个人喜好和厌恶什么，就能知道他的长处和短处；观察一个人与什么人交往，就能断定他是品行端正的人还是品行不端的人。

原文：墙有耳，伏寇在侧。（春秋·管仲《管子·君臣》）

句解：墙壁上有耳朵，身边隐藏着敌人。

原文：穷巷多怪，曲学多辩。（战国·商鞅《商君书·更法》）

句解：穷困街巷的人们少见多怪，见识不广的学究喜欢争辩。

原文：地诚任，不患无财。（战国·商鞅《商君书·错法》）

句解：如果土地能真正利用起来，就不担忧没有财源。

原文：上无羡赏，下无羡财。（战国·慎到《慎子·德威》）

句解：居上位的人不盲目奖赏，居下位的人就不会追求不应得的钱财。

原文：夫丧其子者，苟可以得之，无择人也。（战国·尸佼《尸子·仁义》）

句解：丢失了孩子，如果能通过谁找回孩子，那么是不会选择找回孩子的人是谁的。

原文：《语》曰："莫知其子之恶也。"非智损也，爱弇之也。（战国·尸佼《尸子·广泽》）

句解：俗语说："没有什么人知道自己儿子的恶行"，这不是由于智力减损，而是由于被爱子之心遮蔽了。

原文：说之者众而用之者寡，慕之者多而行之者少，所以然者，掔于物而系于俗。（春秋·辛妍《文子·道原》）

句解：空说的人多而实做的人少，羡慕的人多而行动的人少，之所以如此的原因，是由于人们被事物和风俗所羁绊。

原文：人之情性皆好高而恶下，好得而恶亡，好利而恶病，好尊而恶

卑，好贵而恶贱，众人为之，故不能成，执之，故不能得。（春秋·辛妍《文子·九守》）

句解：人的本性无不是喜欢高尚而厌恶卑下，喜欢得到而厌恶失去，喜欢利益而厌恶生病，喜欢尊贵而厌恶卑贱，喜欢富足而厌恶贫贱。很多人都是这样，因此他们不能成就功业，执著于此，所以他们不能得到心中所想。

原文：愚者有备与智者同功。（春秋·辛妍《文子·微明》）

句解：愚昧的人有所准备，就跟拥有智慧的人一样，同样会取得成果。

原文：君子非义无以活，失义则失其所以活，小人非利无以活，失利则失其所以活，故君子惧失义，小人惧失利，观其所惧，祸福异矣。（春秋·辛妍《文子·微明》）

句解：君子没有道义，就不能生存，失去道义，就失去了生存的基础。小人没有利益，就不能生存，失去利益，就失去了生存的前提，因此君子畏惧失去道义，小人害怕失去利益，观察君子与小人所畏惧所害怕的，就能知道福与祸的变化了。

原文：附耳之语，流闻千里。言者祸也，舌者机也。出言不当，驷马不追。（春秋·辛妍《文子·微明》）

句解：附耳所说的隐秘之语，也会流传到千里之外。言语就是祸患，口舌就是关键，如果说话不恰当，那么即使驾驶四匹马驾的车，也无法追回。

原文：自天子至于庶人，四体勿勤，思虑不困，于事求赡者，未之闻也。（春秋·辛妍《文子·自然》）

句解：从天子到普通民众，如果四体不勤，不殚精竭虑地苦苦思索，却想求得对世间万事的成功和满足，从来没有听说过。

原文：兽穷即触，鸟穷即啄，人穷即诈。（春秋·辛妍《文子·下德》）

句解：野兽处于绝境时就要反抗，禽鸟处于绝境时就要啄人，人处于绝境时就会奸诈。

原文：老子曰："鲸鱼失水，则制于蝼蚁。"（春秋·辛妍《文子·上仁》）

句解：老子说："鲸鱼脱离了海水，就会受制于蝼蛄和蚂蚁。"

原文：人情莫不有所短，成其大略是也，虽有小过，不以为累也。成其大略，非也；闾里之行，未足多也。（春秋·辛妍《文子·上义》）

句解：人的能力都是有所局限的，如果成就远大事业的谋略正确，即使有小过失也不会成为祸患，如果成就远大事业的谋略错误，那么仅仅在乡间之间推行也不会有多少成功的可能。

原文：揣情者，必以其甚喜之时，往而极其欲也；其有欲也，不能隐其情。必以其甚惧之时，往而极其恶也；其有恶者，不能隐其情。（《鬼谷子·揣第七》）

句解：揣测一个人真实的内心，一定要在他最高兴的时候，最大限度的刺激他，使其欲望达到顶点，当他被强烈的欲望控制之后，就不能隐瞒真实的内心和情感。一定要在他最担心、最恐惧的时候去刺激他，由于被恐惧的情绪所左右，他就不能隐瞒真实的内心和情感。

原文：静言者，反而干胜。（《鬼谷子·权》）

句解：镇定的言辞是以斩钉截铁的态度，以求得胜利之名。

原文：饰言者，假之也；假之者，益损也。（《鬼谷子·权第九》）

句解：对言辞加以修饰，是为了使言辞拥有力量，以便打动对方，借助这些经过修饰的言辞，是为了适应对方的心理。

原文：戚言者，权而干信。（《鬼谷子·权第九》）

句解：忧愁的言辞，是以智谋求得信任。

原文：众口烁金，言有曲故也。（《鬼谷子·权第九》）

句解：俗话说："众口一词可以把金属都融化掉。这是因为人们由于私心而故意使语言产生偏差，从而歪曲事实真相。"

原文：人之情，出言则欲听，举事则欲成，是故智者不用其所短，而用愚人之所长；不用其所拙，而用愚人之所工，故不困也。（《鬼谷子·权

第九》)

句解：人之常情，是说出来的话，总希望别人能够听从，办任何事情都想获得成功，因此聪明的人不会使用自己的短处，而宁可使用愚蠢之人的长处；不会使用自己笨拙的方面，而宁可使用愚蠢之人巧妙地方面，这样他就不会陷入困境之中。

原文：相益则亲，相损则疏，其数行也。(《鬼谷子·谋第十》)

句解：相互有利益，就相接近；相互有损害，就相疏远。这是经常发生的事，完全符合事物发展的规律，也是用来判断事物同异的依据和原则。

原文：其身内，其言外者，疏；其身外，其言身者，危。(《鬼谷子·谋第十》)

句解：关系密切，而说话客套见外，就会被逐渐疏远。关系疏远，而说话直率，无所顾忌，便会引来危险。

原文：君子周而不比，小人比而不周。(《论语·为政》)

句解：君子团结身边的人而不结党营私，小人结党营私而不和身边的人团结。

原文：事君数，斯辱矣；朋友数，斯疏矣。(《论语·里仁》)

句解：侍奉君主频繁进谏，就会招致侮辱；对朋友不断提意见，感情就会疏远。

原文：不得中行而与之，必也狂狷乎！狂者进取，狷者有所不为也。(《论语·子路》)

句解：不能跟符合中庸之道的人交朋友，那一定会交结狂傲和洁身自好的人！狂傲的人勇于进取，洁身自好的人不做不道德的事。

原文：主忠信，毋友不如己者，过则勿惮改。(《论语·子罕》)

句解：要以忠诚和信义为主要品德，不跟不如自己的人交朋友，有了过错不要害怕改正。

原文：出门如见大宾，使民如承大祭；己所不欲，勿施于人；在邦无怨，在家无怨。(《论语·颜渊》)

句解：外出做事就像会见贵宾，驭使百姓就像承受盛大祭礼；自己不喜欢的事，不要强加在别人身上；在国家中无人怨恨，在家族中也无人怨恨。

原文：凡交，近则必相靡以信，远则必忠之以言。（战国·庄周《庄子·人间世》）

句解：所有国家之间的交往，距离近的就必须以诚信来建立亲和的关系，距离远的就必须以言辞来表达忠诚。

原文：一日千里。（战国·庄周《庄子·秋水》）

句解：良马跑的快，一天可跑一千里路程。

原文：人之有所不得与，皆物之情也。（战国·庄周《庄子·大宗师》）

句解：人对世上的许多事物无法参与其中，这都是事物的常情。

原文：人心排下而进上。（战国·庄周《庄子·在宥》）

句解：人的情绪遭到压抑就下降，受到赞扬就上升。

原文：吞舟之鱼，砀而失水，则蚁能苦之。（战国·庄周《庄子·庚桑楚》）

句解：能够吞掉大船的鱼一旦离开了水，就连蚂蚁也能欺侮它。

原文：犬不以善吠为良。（战国·庄周《庄子·徐无鬼》）

句解：狗不见得因为善叫就是一只好狗。

原文：人之命在天，国之命在礼。（战国·荀况《荀子·天论》）

句解：人的命运在于天道，国家的命运在于礼义。

原文：与人善言，暖于布帛；伤人之言，深于矛戟。（战国·荀况《荀子·荣辱》）

句解：对别人予以赞美，比布帛还要温暖；伤害别人的话比矛戟伤人更重。

原文：人处疾，则贵医。（战国·韩非《韩非子·解老》）

句解：人患有疾病，就会重视医生。

原文：凡治天下，必因人情。（战国·韩非《韩非子·八经》）

句解：所有治理天下的根本原则，就是必须顺应民情。

原文：世异则事异。（战国·韩非《韩非子·五蠹》）

句解：时代不同，社会状况自然不同。

原文：古今异俗，新故异备。（战国·韩非《韩非子·五蠹》）

句解：古今习俗相异，治理社会的新旧措施必然不同。

原文：君子必在己者，不必在人者也。必在己，无不遇矣。（秦·吕不韦《吕氏春秋·孝行览·必己》）

句解：君子行事一定要以自己为标准，不必看别人如何行事。一定以自己为标准，就没有不相知的了。

原文：君子之自行也，敬人而不必见敬，爱人而不必见爱。（秦·吕不韦《吕氏春秋·孝行览·必己》）

句解：君子采取行动以自己为标准，尊重别人却不一定能受到别人的尊重，喜爱别人却不一定会受到别人的喜爱。

原文：敬爱人者，己也；见敬爱者，人也。（秦·吕不韦《吕氏春秋·孝行览·必己》）

句解：尊重喜爱别人，在于自己；受到别人的尊重和喜爱在于别人。

原文：人性安静，而嗜欲乱之。（汉·刘安《淮南子·傲真训》）

句解：人的本性是安宁平静的，但是物欲却使它变得混乱了。

原文：人之拘于世也，必形系而神泄。（汉·刘安《淮南子·傲真训》）

句解：人被世俗所束缚，必然会导致身体发生疾病而精神衰竭。

原文：人莫鉴于流沫，而鉴于止水。（汉·刘安《淮南子·傲真训》）

句解：人不能以流动的水当镜子，而要用静止的水来观照。

原文：有贤圣之名者，必遭乱世之患也。（汉·刘安《淮南子·本经训》）

句解：拥有了贤良圣德名声的人，一定会遭受乱世的灾祸。

原文：性遭命而后能行，命得性而后能明。（汉·刘安《淮南子·傲真训》）

句解：人的本性遇到合适的环境之后才能行动，人的命运符合本性之后才能显明。

原文：治在道，不在圣。（汉·刘安《淮南子·原道训》）

句解：国家得到治理在于顺乎道义，而不在于拥有智谋。

原文：法修自然，已无所与。（汉·刘安《淮南子·诠言训》）

句解：法度顺乎自然而产生，自身不勉强参与。

原文：法度者，所以论民俗而节缓急也。（汉·刘安《淮南子·汜论训》）

句解：法令制度是用来规范民俗节制缓急的。

原文：随人者，与俗交者也。（汉·刘安《淮南子·原道训》）

句解：随波逐流、模仿别人的人，就是与世俗相交接的人。

原文：骏马以抑死，直士以正穷。（汉·刘安《淮南子·说林训》）

句解：骏马由于被抑制而死亡，君子因为正直而穷困。

原文：喜怒哀乐，有感而自然者也。（汉·刘安《淮南子·齐俗训》）

句解：欢喜、愤怒、悲哀、快乐，是有感而发自然流露出来的。

原文：佳人不同体，美人不同面，而皆说于目。（汉·刘安《淮南子·说林训》）

句解：美人的体态不同、美人的容貌各异，但看上去都令人赏心悦目。

原文：见一叶落而知岁之将暮。（汉·刘安《淮南子·说山训》）

句解：看到一片枯叶落下，就知道秋天即将来临。

原文：上多故则下多诈。（汉·刘安《淮南子·主术训》）

句解：居上位的人多巧伪，居下位的人就多欺诈。

原文：琬琰之玉，在污泥之中，虽廉者弗释。（汉·刘安《淮南子·说山训》）

句解：美玉处于泥泞之中，即使是清廉的人也不愿意放弃它。

原文：见其诚心而金石为之开。（汉·韩婴《韩诗外传》）

句解：看到人真诚的心，连金石那样坚硬的也会分开。

原文： 姜桂因地而生，不因地而辛，女因媒而嫁，不因媒而亲。（汉·韩婴《韩诗外传》）

句解： 生姜和肉桂依靠土壤而生长，但土壤并不导致其辛辣，女子靠媒人说媒而出嫁，但不能靠媒人使夫妻恩爱。

原文： 力胜贫，慎胜祸。（汉·王充《论衡·命禄》）

句解： 勤劳能够战胜贫困，谨慎能够战胜灾祸。

原文： 力作不求富，富自到矣。（汉·王充《论衡·命禄》）

句解： 勤劳耕作不求富贵，财富自然到来。

原文： 文轩之比于敝车，锦绣之方于组袍。（汉·王充《论衡·超奇》）

句解： 华丽的车子跟破车相比，精致的丝绣与破布袍相比，相差甚远。

原文： 逢时遇会，卓然卒至。（汉·王充《论衡·命禄》）

句解： 赶上极好的机会，好事突然到来。

原文： 二人同心则利断金。（汉·王符《潜夫论·明忠》）

句解： 两人同心同德，就像锋利的尖刀可以斩断坚硬的金属。

原文： 人惟旧，器惟新。（汉·王符《潜夫论·交际》）

句解： 人只有旧的好，器物只有新的好。

原文： 大鹏之动非一羽之轻，骐骥之速非一足之力。（汉·王符《潜夫论·释难》）

句解： 鲲鹏展翅高飞，不是只靠一片轻轻的羽毛，千里马纵横奔驰，也不是只靠一条腿的力量。

原文： 贵富太盛，则必骄佚而生过。（汉·王符《潜夫论·忠贵》）

句解： 高贵富有得过分，就一定会骄横跋扈而产生过错。

原文： 狡而以为知，讦而以为直，不逊以为勇，其遭难，故亦宜也。（汉·桓宽《盐铁论·讼贤》）

句解： 把狡诈当智慧，把诋毁别人当正直，把无礼当勇敢，这种人遭遇灾难是理所当然的。

原文：挈瓶之知，不失守器。（汉·刘向《战国策·赵策》）

句解：即使是拿瓶子打水的人，也知道保护他用来打水的器具。

原文：江河之溢，不过三日，飘风暴雨，须臾而毕。（汉·刘向《说苑·说丛》）

句解：江河泛滥，用不了几天就会过去的，疾风骤雨不一会儿就会停住。

原文：且常人之所爱，乃上士之所憎。庸俗之所贵，乃至人之所贱也。（晋·葛洪《抱朴子·内篇·论仙》）

句解：一般常人所喜爱的东西，都是高明的人所厌恶的。庸俗的人眼中所珍贵的东西，都是本真的人所轻贱的。

原文：又曰："男女饮食，人之大欲存焉。"是以好色不可谏，甘旨可忘忧。昔有绝谷弃美，不畜妻妾，超然独往，浩然得意，顾影含欢，漱流忘味者，又难胜记也。（晋·葛洪《抱朴子·内篇·辨问》）

句解：《礼记·礼运》说："男女饮食，是人的基本欲望。"因此，对那些喜好美色的人不可劝阻，而美食则可以使人忘记忧烦，但是过去有人抛弃美食，弃绝美女，超然于世俗之外，独来独往，超然适意，与自身的影子相伴，而倍感欢欣，钟情于山林泉水，而忘记美味，这样的人难以计数。

原文：推人以诚，则不言而信矣。（隋·王通《文中子中说·周公篇》）

句解：能够以诚恳的态度对待别人，即使不说话人家也会相信你的。

原文：子曰："廉者常乐无求，贪者常忧不足。"（隋·王通《文中子中说·王道篇》）

句解：文中子说："廉洁的人常常由于无欲无求而感到快乐，贪婪的人常常由于不知足而感到忧虑。"

原文：刚者好断，介者殊俗。（隋·王通《文中子中说·王道篇》）

句解：固执的人容易失败，正直的人与世俗相异。

原文：子曰："士有靡衣鲜食而乐道者，吾未之见也。"（隋·王通

《文中子中说·天地篇》)

句解：文中子说："世人中有缺衣少食而喜好道的人，我没有见到过。"

原文：子曰："多言，德之贼也；多事，生之仇也。"（隋·王通《文中子中说·问易篇》)

句解：文中子说："多言多语是对品德的减损；常生事端容易招致仇怨。"

原文：子曰："君子不责人所不及，不强人所不能，不苦人所不好。夫如此，故免。(隋·王通《文中子中说·魏相篇》)

句解：文中子说："品德高尚的人不责备他人做不到的事，不勉强他人做不到的事，不强求他人不喜好的事，这样可以消除灾祸。"

原文：前哲绝交，不出恶言。（南朝·梁·萧子显《南齐书·张敬儿传》

句解：古代的先哲断绝交往时不说诋毁的话。

原文：居谦之位，傲不可长。（南朝·梁·萧子显《南齐书·王秀之传》)

句解：居于应该谦恭的地位，傲慢不可滋长。

原文：士友当亲，贤否不可不辨。(元·脱脱《宋史·王遂传》)

句解：士友应当亲近，但士友是否贤良却不可不分辨。

原文：三人同行，尚闻择善。(元·脱脱《宋史·窦贞固传》)

句解：三个人一同行走，尚且可以根据他们的言论选择好的方面。

原文：抗之甚高，挤之必酷。(元·脱脱《辽史·马人望传》)

句解：推举得过高，排挤必定残酷。

原文：不察事之是非而悦人赞已，阇莫甚焉。（宋·司马光《资治通鉴·周纪》)

句解：不明辨是非，而喜欢别人夸奖自己，世上没有比这更愚蠢的人了。

原文：不诚于前而曰诚于后，众必疑而不信矣。（宋·司马光《资治

通鉴·唐纪》）

句解：做事之前不真诚而事后却表白自己真诚，人们必然会怀疑而不肯相信。

原文：传闻与指实不同，悬算与临事有异。（宋·司马光《资治通鉴·唐纪》）

句解：道听途说的与实际情况总是不同，自己的计划和所处理的事情总是有差异。

原文：家何以治？曰各自尽。家何以乱？曰各相责。（清·申居郧《西岩赘语》）

句解：家庭怎样才能治理好呢？那就是各司其职。家庭为什么会混乱呢？那是因为互相责备。

原文：人之收敛放纵，皆有习惯；收敛惯了，说一句错话就会觉得惶愧不安；放纵惯了，见到一个正人君子就会觉得拘促难受。（清·申居鄠《西岩赘语》）

句解：人的言行有的收敛、有的放纵，都有固定的习惯。经常收敛的人，说错一句话就会觉得惶恐惭愧，经常放纵的人，看到一个正人君子就会觉得局促忐忑。

原文：君子论是非，小人计利害。（清·申居郧《西岩赘语》）

句解：品德高尚的人辩论是非，品德低劣的人计较利害。

原文：结交贵乎谨始。（清·黄宗羲《宋元学案》）

句解：结交朋友最可贵之处就在于刚开始时就能慎重。

原文：常情处顺适则安，值猜沮则惧。惧则知防，安则靡戒。故悔吝多生于念虑所不加，而动必检饬者，可保无咎也。（宋·何坦《西畴常言·律己》）

句解：人的本性处在舒适的环境中，就会感到安逸；碰到猜疑沮丧的事情时，就会感到恐惧。感到恐惧就会加以提防，感到安逸就不会有戒心。所以灾祸一般发生在人们毫无戒备的情况下，行动之前予以认真检查，谨慎行事的人，就可以保证没有灾祸。

原文：人生几何，年不满百；天地逆旅，光阴过客；若不自觉，恣情取乐；乐极悲来，秋风木落。（元·许名奎《劝忍百箴·乐之忍》）

句解：人的一生能活多大年龄，最多不会超过百岁；天与地是世间万物旅居的地方，时间仿佛匆匆过客，如果自己不能省悟，沉湎于纵情玩乐之中，那么最后就会乐极悲来，仿佛秋风一到，草木皆落一样。

原文：财能得人，亦能害人。人曷不悟，至于丧身。权可以宠，亦可以辱。人胡不思，为世大谬。（元·许名奎《劝忍百箴·争之忍》）

句解：钱财能使人获得好处，也能坑害人，人为什么不觉悟、不清醒，以至于为争夺利益而丧失生命呢？权力能够使人得到宠幸，也可以让人受到侮辱，人为什么不深入思索，而被后人所指责呢？

原文：凡能恶人，必为仁者。恶出于私，人将仇我。（元·许名奎《劝忍百箴·恶之忍》）

句解：凡是能厌恶那些应该厌恶的人，必然成为仁义的人。但是，如果这种厌恶之感出于私心私欲，那么别人就会把我当仇人。

原文：盖有得有失者，物之常理；患得患失者，目之为鄙。塞翁失马，祸兮福倚。得丧荣辱，奚足介意。（元·许名奎《劝忍百箴·失之忍》）

句解：有得有失，是世间万物永远不变的规律，患得患失的人人们认为是愚蠢的，塞翁失马，说明灾祸中隐藏着幸运，那么荣辱得失又何必介意呢？

原文：慧心人专用眼语，浅衷者常以耳食。（明·吴从先《小窗自纪》）

句解：内心聪慧的人只用双眼观察事物，而浅薄的人则常常喜好道听途说。

原文：世情熟，则人情易流；世情疏，则交情易阻。甚矣，处世之难。（明·吴从先《小窗自纪》）

句解：处世圆滑，待人接物就会流于虚浮；不通世故，与人交往就会产生障碍。太难了！为人处世太难了！

原文：世路如此多歧，人情不甚相远，君子贵以同情齐世。（明·吴从先《小窗自纪》）

句解：世事如此纷纭复杂，人情如此冷漠多变，君子以顺应人情来治理天下为最好的方法。

原文：事出于意外，虽智者亦穷，不可以苛责也。（明·吕坤《呻吟语·补遗》）

句解：如果事情来的过于突然，出乎意料之外，即使拥有许多智慧，也会不知所措、束手无策，因此不可以过分的责备他。

原文：事不到手，责人尽易，待君到手时，事事努力，不轻放过便好。只任哓哓责人，他日纵无可叹恨，今日亦浮薄子也。（明·吕坤《呻吟语·补遗》）

句解：未处在事物之中，责备别人很容易，一旦自己处理事情，只要能尽心尽力，认真去做，就算好的，如果只是喋喋不休的指责他人，即使以后不后悔，不感叹，那么眼下也以显示自己是一个轻浮浅薄的人。

原文：一念收敛，则万善来同，一念放恣，则百邪乘衅。（明·吕坤《呻吟语·补遗》）

句解：如果人能够限制内心的欲望，那么各种善德就会集于一身，如果人放纵欲望，那么各种邪念，就会乘虚而入。

原文：休与小人仇雠，小人自有对头；休向君子谄媚，君子原无私惠。（明·洪应明《菜根谭·一八六》）

句解：不要和小人结仇怨，小人自有他们的对手；不要向君子阿谀奉承，品德高尚的人不徇私情。

原文：贪得者分金恨不得玉，封公怨不授侯，权豪自甘乞丐；知足者藜羹旨于膏梁，布袍暖于狐貉，编民不让王公。（明·洪应明《菜根谭·二五二》）

句解：贪得无厌之徒，分到了金子，还遗憾没有宝玉，做了公爵，还怨恨没当上王侯，因此掌权的豪门贵族，不惜像乞丐一样到处求告，而自满自足的人，吃康粮菜汤如同美味佳肴，穿粗布衣衫也觉得暖于皮袍，虽然身为贫民，但却比王公贵族还幸福。

原文：后辈轻薄前辈者，往往促算。何者？彼既贱老，天岂以贱者赠之？（明·陈继儒《安得长者言》）

句解：晚辈之中不尊重长辈的人，往往短寿，原因是什么呢？因为他们既然不尊重长辈，认为长辈是卑贱的，那么上天怎么会把卑贱的东西赠与他呢？

原文：薄福者必刻薄，刻薄则福益薄矣；厚福者必宽厚，宽厚则福益厚矣。（明·陈继儒《安得长者言》）

句解：福薄的人为人必定刻薄，为人刻薄就会使福泽减少；厚福的人为人必定宽厚，为人宽厚就会使福泽增多。

原文：金帛多，只是博得垂死时子孙眼泪少，不知其他，知有争而已；金帛少，只是博得垂死时子孙眼泪多，亦不知有他，知有亲而已。（明·陈继儒《安得长者言》）

句解：金银丝绸等财宝多，只会使自己临终时得到儿孙们很少的眼泪，因为儿孙们不管其他的，只知道争夺遗产而已；金银丝绸等财宝少，就会使自己临终时得到儿孙们许多的眼泪，因为儿孙们不管其他的，只知道哀悼亲人。

原文：倚高才而玩世，背后须防射影之虫；饰厚貌以欺人，面前恐有照胆之镜。（明·陈继儒《小窗幽记·醒卷》）

句解：倚仗自己拥有高超的才能，而采取玩世不恭的态度，要提防背后被人中伤陷害，装出厚道的神态来欺骗世人，恐怕早晚会被事实揭穿。

原文：人生莫如闲，太闲反生恶业；人生莫如清，太清反类俗情。（明·陈继儒《小窗幽记·灵卷》）

句解：人生没有比安闲更舒适了，但太安闲反而会做出坏事；人生没有比清净更安逸了，但太清净反而会走向庸俗。

原文：事到全美处，怨我者不能开指摘之端；行到至污处，爱我者不能施掩护之法。（明·陈继儒《小窗幽记·灵卷》）

句解：如果做事达到完美，那么怨恨我的人也无法挑剔，行为达到卑劣，那么喜爱我的人也难施援手。

原文：天下可爱的人，都是可怜人；天下可恶的人，都是可惜人。（明·陈继儒《小窗幽记·灵卷》）

句解：天下值得尊敬的人，都是遭受过磨难的人；天下那些厌恶的人，都是误入歧途、令人痛心的人。

原文：若富贵，由我力取，则造物无权；若毁誉，随人脚根，则谗夫得志。（明·陈继儒《小窗幽记·素卷》）

句解：假如富贵能凭个人的力量获得，那么造物主就没有权力了，假如名声的好坏由他人做主，那么搬弄是非之徒就会为所欲为。

原文：世路中人，或图功名，或治生产，尽自正经。争奈天地间好风月、好山水、好书籍，了不相涉，岂非枉却一生！（明·陈继儒《小窗幽记·韵卷》）

句解：世上的人们，有的追求功名，有的忙于劳作，都是正当的行为，怎奈天地之间那些宝贵的时光，美好的景色和充满智慧的书籍，却与自己没有丝毫联系，这不是白活了一生么？

原文：一世穷根，种在一捻傲骨；千古笑端，伏于几个残牙。

（明·陈继儒《小窗幽记·齐卷》）

句解：一辈子贫穷的原因，是因为身上的一把傲骨；流传千古的笑话，潜藏于几颗残损的牙齿里。

原文：圣人全道而立训，故简而一；诸儒拟言而议道，故烦而二。（明·薛应旂《薛方山纪述》）

句解：圣人保全天道创立理论，因此他们的理论简明而统一；普通学者根据自己的理解来议论天道，所以杂乱无章没有重点。

原文：缓行徐言，不可遽谓之德也；工文善书，不可遽谓之才也。（明·薛应旂《薛方山纪述》）

句解：行动谨慎、说话徐缓，并不表明道德高尚；文章华丽、书法工整，并不表明就是人才。

原文：赋奇特之器者，受抑于天；抱直遂之操者，见折于人。斯性命

之理，造化之权也。（明·薛应旗《薛方山纪述》）

句解：具有某一方面的特长，就会被命运之神所压制；具有刚正不阿的节操，必然处处被小人所忌恨。这是性命之理所决定的，也是自然造化所操纵的。

原文：莫大之祸，起于须臾之不忍，不可不谨。（清·王永斌《围炉夜话·卷三》）

句解：无论多大的祸患，都是因为一时不能忍耐而导致的，所以做任何事，都不可不慎重。

原文：人皆妄意于名位之显荣，而固有之善，则无一念之及，其不知类也甚矣。（明·薛瑄《从政录》）

句解：人们都疯狂追求名声地位的显耀尊贵，却连人固有的美德丝毫都不具备，不明白道理也太严重了。

原文：世路风霜，吾人炼心之境也。世情冷暖，吾人忍性之地也。世事颠倒，吾人修行之资也。（清·金缨《格言联璧·存养类》）

句解：人生之路充满风霜，这是我修炼内心的境地。人情世故，饱含冷暖，这是我修炼忍耐能力的地方。人生之事，黑白颠倒，这是我修炼品行的凭籍。

原文：四海和平之福，只是随缘。一生牵惹之劳，总因好事。（清·金缨《格言联璧·持躬类》）

句解：处处和平安稳的福气，只是随缘而已。一生劳苦的烦恼，都是因为好事罢了。

原文：人未己知，不可急求其知。人未己合，不可急与之合。（清·金缨《格言联璧·接物类》）

句解：别人不了解自己时，不可急于让别人了解自己，别人与自己意见不一致时，不可急于和别人意见一致。

原文：惠我者小恩，携我为善者大恩。害我者小仇，引我为不善者大仇。（清·金缨《格言联璧·接物类》）

句解：给我好处的是小恩德，帮助我从善的，是大恩情。害我的人，是小仇怨，引诱我做恶的，是大仇恨。

原文：病从口入。（晋·傅玄《口铭》）

句解：疾病由于饮食不慎而导致。

原文：积财千万，不如薄技在身。（南朝·宋·颜之推《颜氏家训·勉学》）

句解：尽管家财万贯，却不如自己拥有一门小手艺。

原文：奢者心尝贫，俭者心尝富。（五代·谭峭《化书·俭化》）

句解：奢侈的人内心常常感到贫困，节俭的人内心常常觉得富足。

原文：君子与君子以同道为朋，小人与小人以同利为朋。（宋·欧阳修《朋党论》）

句解：品德高尚的人相互交往，是以共同的理想为目标的，品德低劣的人相互交往，是以共同的私利为前提的。

原文：君子扬人之善，小人讦人之恶。（唐·吴兢《贞观政要·公平》）

句解：品德高尚的人喜欢赞扬别人的优点，品德低劣的人喜欢攻击别人的缺点。

原文：动人以言，所感已浅，言又不切；谁人肯怀？（《唐书·陆质传》）

句解：企图用言词去感动别人，别人的感受本来就不会很深，语言又不恳切，谁还会把它放在心上呢？

原文：饥在贱农，寒在惰织。（宋·张商英《素书》）

句解：挨饿的原因是不愿种田，受冻的原因是懒于纺织。

原文：将明珠而弹雀，所得者少，所失者多！（宋·邵伯温《河南邵氏闻见录·卷六》）

句解：用宝珠去打鸟，得到的很少，失去的很多。

原文：戒尔勿崇饮，狂药非佳味；能移谨厚性，化作凶顽类。（宋·范鲁公《戒子箴》）

句解：奉劝你不要那么喜欢饮酒，酒是狂药，而不是美味；酒能改变一个人谨慎忠厚的本性，把你变成凶恶顽固的人。

原文： 强将手下无弱兵。（宋·苏轼《题连公壁·引谚》）

句解： 优秀的将领手下没有无能的士兵。

原文： 巧妇难为无米之炊。（宋·陆游《老学庵笔记·卷三》）

句解： 灵巧的妇女也做不出无米的饭。

原文： 上医无传方，非无良方也，忧用方者也。圣人无定法，非无善法也，忧用法者也。（宋·崔敦礼《刍言·卷上》）

句解： 最好的良医不肯把药方传与后人，并不是良医没有好的药方，而是他害怕别人照搬他的药方。圣人没有固定的法律，并不是圣人没有完善的法律，而是他担心别人照搬他的法律。

原文： 为善者不云利，逐利者不见善。（宋·林逋《省心录》）

句解： 行善事的人不谈论利益，追逐利益的人没有善行。

原文： 若将世路比山路，世路更多千万盘。（宋·范成大《四十八盘》）

句解： 假如把人生之路比作山路，那么人生之路的曲折艰险就更多。

原文： 君子千言有一失，小人千言有一当。（元·无名氏杂剧《鲁齐郎·一》）

句解： 君子千言万语总有一句会说错，小人万语千言总有一句会说对。

原文： 看钱奴自古呼铜臭。（元·钱霖《套数·哨遍》）

句解： 自古及今，人们都把守财奴叫做铜臭。

原文： 上山擒虎易，开口告人难。（元·高则诚《琵琶记·五娘剪发卖发》）

句解： 上山捉虎容易，张嘴求人艰难。

原文： 贫居闹市无人问，富在深山有远亲。（佚名《名贤集》）

句解： 贫困的人即使住在闹市也无人过问，富贵的人即使住在深山也有远亲来访。

原文： 大风吹倒梧桐树，自有旁人说短长。（明·高明《琵琶记·第

三十一出》）

句解：即使大风吹倒梧桐树这种自然的事情，也会有人说长道短。

原文：得便宜处失便宜。（明·冯梦龙《蒋兴哥重会珍珠衫》）

句解：贪得便宜的之处，就是遭受损失的地方。

原文：嫉妒生于利煞，而不生于贤美。（明·黄道周《黄忠端公全集·性无嫉妒论》）

句解：嫉妒生于贪图私利之心，而品德高尚的人不会嫉妒别人。

原文：家有一心，有钱买金，家有二心，无钱买针。（明·徐田臣《杀狗记·第十九折》）

句解：一家人齐心协力，就能有钱买到黄金，一家人各怀私心，就连买针的钱都没有。

原文：君子可欺以其方。（明·冯梦龙《醒世恒言》）

句解：品德高尚的人为人正直，品德低劣的人就利用这一点去欺骗他们。

原文：江山易改，秉性难移。（明·冯梦龙《醒世恒言》）

句解：江山容易改变，人的秉性却难以改变。

原文：解铃还须系铃人。（明·瞿汝稷《指月录》）

句解：想解铃就必须由系铃的人亲自去办。

原文：不打不成相识。（明·施耐庵《水浒传·第三十八回》）

句解：经过交手，各显本领，互相了解，方成朋友。

原文：天下无不可变之风俗。（清·顾炎武《日知录·宋世风俗》）

句解：天下没有不能改变的风俗习惯。

原文：甚矣，习欲之迷人，贤者不免，况愚者乎！（清·洪仁玕《资政新篇》）

句解：严重啊！风俗习惯对人的迷惑即使贤德的人都难以避免，何况那些愚蠢的人呢！

原文：人情厌故而喜新，重难而轻易。（清·蒲松龄《聊斋志异·恒娘》）

句解：人的本性一般都是喜新厌旧的，重视难得之物，轻视容易得到的东西。

原文：薄于朋友者，薄亲戚之渐也。（清·王晫《今世说·卷二》）

句解：对朋友冷漠的人，也会与亲戚渐渐疏远。

原文：受人求者常骄人，求人者常畏人。（清·蒲松龄《聊斋志异·神女》）

句解：接受别人求助的人常常对求助者骄横跋扈，而有求于人的人则常常对帮助者心存畏惧的情绪。

原文：君子如春风，可爱不可竭；小人如酒颜，但得暂时热。（清·顾图河《息交》）

句解：君子如同春风一般友情长久不断；小人如同醉酒后的红脸，不久就会退红。

原文：见鄙无佳文。（清·蒲松龄《聊斋志异·三生》）

句解：见解浮浅的人不能写出好文章。

原文：见人挑担不吃力。（清·张南庄《何典·第五回》）

句解：看别人挑担子以为毫不费力。

原文：皇天不负苦心人。（清·李宝嘉《文明小史·第三十九回》）

句解：皇天不会辜负刻苦学习的人。

八 人生智慧

人生是一个漫长的过程，有痛苦，有挣扎，有胜利，有狂欢。只要踏上生活的旅途，就会面临各种各样意想不到的境地。应该怎样避免逆境？应该怎样面对未来？这就需要智慧，需要思考。在人生智慧方面，古代先贤为我们提供了无比丰富的精神食粮。可以说，四书五经、诸子百家和浩瀚史籍等等，是我们取之不尽的丰饶宝藏。

原文：五福：一曰寿，二曰富，三曰康宁，四曰攸好德，五曰考终命。（《尚书·洪范》）

句解：五种幸福：一是长寿，二是富足，三是健康安宁，四是天性好德，五是高寿善终。

原文：人，无于水监，当于民监。（《尚书·酒诰》）

句解：人不要只从水中观照自己，而应当从民情上进行察看。

原文：惟天地万物父母，惟人万物之灵。（《尚书·泰誓上》）

句解：只有天地是万物的本源，只有人是万物中的精灵。

原文：同力度德，同德度义。（《尚书·泰誓上》）

句解：力量相同的以德行度量，德行相同的以道义度量。

原文：于安思危，于始思终，于迩思备，于远思近，于老思行。（《逸周书·程典》）

句解：安全时要考虑到危险，行动开始时要考虑到结果，对目前的事要考虑详备，对遥远的事要考虑当前，年老时要考虑到身体力行。

原文：若农之服田，务耕而不耨，维草其宅之；既秋而不获，维禽其飨之。人而获饥，云谁哀之？（《逸周书·大开武》）

句解：如果农夫耕田，仅仅耕种而不锄草，任凭杂草在田野中滋生；到了秋天不去收获而任凭禽兽享受收成。这种人遭受饥饿，谁会可怜他呢？

原文：天道尚左，日月西移；地道尚右，水道东流；人道尚中，耳目役心。（《逸周书·武顺》）

句解：天道尊崇左方，而日月则向西行；地道尊崇右方，而水道却向东流；人道尊崇中间，而耳目却被心所役使。

原文：惟祸发于人之攸忽，于人之攸轻。（《逸周书·芮良夫》）

句解：祸患的产生往往在于人的疏忽之时，往往在于人的轻佻之时。

原文：以言取人，人饰其言；以行取人，人竭其行。饰言无庸，竭行有成。（《逸周书·芮良夫》）

句解：如果用言辞来判断人，那么人们就会修饰自己的言辞；如果用行为来判断人，那么人们就会尽力做事。修饰言辞毫无用处，尽力做事则有成效。

原文：男女之别，国之大节也。（春秋·左丘明《左氏春秋·庄公二十四年》）

句解：男女有别是国家重要的法度。

原文：公家之利，知无不为，忠也。（春秋·左丘明《左氏春秋·僖公九年》）

句解：对国家有利的事，知道了没有不去做的，这是忠诚。

原文：勤礼莫如致敬，尽力莫如敦笃。（春秋·左丘明《左氏春秋·成公十三年》）

句解：仅遵礼法不如谦恭崇敬，竭尽力量不如敦厚笃实。

原文：祸福无门，唯人所召。（春秋·左丘明《左氏春秋·襄公二十三年》）

句解：祸与福没有进入之门，都是人自己所招致的。

原文：夫礼，天之经也，地之义也，民之行也。天地之经，而民实则之。（春秋·左丘明《左氏春秋·昭公二十五年》）

句解：礼仪是上天的经纬和规则，是大地的准则，是百姓的依据。天地的经纬和规则，百姓事实上都在遵循。

原文：民劳则思，思则善心生；逸则淫，淫则忘善，忘善则恶心生。沃土之民不材，淫也；瘠土之民莫不向义，劳也。（春秋·左丘明《国语·鲁语下》）

句解：百姓由于辛劳就会想到节俭，想到节俭善良之心就会产生；如果安逸就会放荡，放荡就会忘掉善良，忘掉善良邪恶之心就会产生。肥沃土地上的人之所以不能成才，是由于放荡的缘故；贫瘠土地上的人之所以没有不心向道义的，是由于辛劳的缘故。

原文：择福莫若重，择祸莫若轻。（春秋·左丘明《国语·晋语》）

句解：选择幸福不如选厚重的，选择灾祸不如选轻微的。

原文：天道无亲，唯德是授。夫德，福之基也。无德而福隆，犹无基而厚墉也，其坏也无日矣。（春秋·左丘明《国语·晋语》）

句解：天道对人不会有所偏爱，只降福给品德高尚的人。品德高尚是福泽的根基，不具有高尚的品德而福泽隆盛，仿佛没打好地基却建筑高墙，不用多久就会倒塌。

原文：敬胜怠者吉，怠胜敬者灭，义胜欲者从，欲胜义者凶。凡事不强则枉，弗敬则不正。枉者灭废，敬者万世。（《大戴礼记·武王践祚》）

句解：恭敬超过怠慢的吉祥，怠慢超过恭敬的灭亡，道义超过私欲的顺利，私欲超过道义的凶险。凡事不能自强就屈服，不恭敬就立身不正。屈服的必然灭亡，恭敬的万世吉祥。

原文：安乐必敬。（《大戴礼记·武王践祚》）

句解：身处安乐之中，一定要有恭敬之心。

原文：夫妇之愚，可以与知焉；及其至也，虽圣人亦有所不知焉。夫妇之不肖，可以能行焉；及其至也，虽圣人亦有所不能焉。天地之大也，人犹有所憾。故君子语大，天下莫能载焉；语小，天下莫能破焉。（《礼记·中庸》）

句解：普通男女虽然愚昧，也能够知道君子之道；至于道的精微玄远，即使是圣人也有所不知。普通男女虽然才能低下，也可以实行君子之道；至于道的高深微妙之处，即使是圣人也有所不能。天地如此广大，人对天地还有所遗憾。因此君子之道说到广大处，天下没有人能载得起；说到微小处，天下没有人能剖得开。

原文：庸德之行，庸言之谨。有所不足，不敢不勉，有余不敢尽。言顾行，行顾言。（《礼记·中庸》）

句解：日常的行为要保持品德，日常的言论要保持谨慎。做得不够的，不敢不勤勉努力，品行超过他人要保持谦虚不敢用尽。言语要顾及行动，行动要顾及言语。

原文：疑今者，察之古；不知来者，视之往。万事之生也，异趣而同归，古今一也。（春秋·管仲《管子·形势》）

句解：对当今有所怀疑，就应考察古代；对未来无法预测，就应回顾以往。世间各种事情的发生，原因不一而同归一理，古今是一样的。

原文：不偷取一世，则民无怨心。（春秋·管仲《管子·牧民》）

句解：对国事毫不懈怠，民众就不会有怨恨之心。

原文：得人者，卑而不可胜。（春秋·管仲《管子·侈靡》）

句解：深得人心的人，即使身份卑贱，也不可战胜。

原文：强而骄者损其强，弱而骄者亟死亡。（春秋·管仲《管子·白心》）

句解：强大而骄傲的人就会损失力量，弱小而骄傲的人就会快速灭亡。

原文：强者折，锐者挫，坚者破。（春秋·管仲《管子·法法》）

句解：过于强大便会挫折，过于锐利便会折断，过于坚硬就会破裂。

原文：全生之说胜，则廉耻不立。（春秋·管仲《管子·立政九败解》）

句解：苟且偷生的学说如果占了上风，那么人们就会丧失廉耻之心。

原文：全心在中，不可蔽匿。（春秋·管仲《管子·内业》）

句解：人的心灵，不能掩盖。

原文：上好本，则端正之士在前；上好利，则毁誉之士在侧。（春秋·管仲《管子·七臣七主》）

句解：如果君主施行开明的政治，那么品行端正的人就会身居要职，如果君主追逐私利，那么品行卑劣的人就会得到重用。

原文：微邪不禁，而求大邪之无伤国，不可得也。（春秋·管仲《管子·权修》）

句解：微小的恶行不予禁止，而祈求巨大的邪恶势力不伤害国家，这是不可能的。

原文：微邪者，大邪之所生也。（春秋·管仲《管子·权修》）

句解：微小的恶行是巨大罪恶的发源地。

原文：惟有道者，能备患于未形也。（春秋·管仲《管子·牧民》）

句解：只有掌握了事物发展规律的人，才能防患于未然。

原文：才能之人去亡，则宜有外难；群臣朋党，则宜有内乱。（春秋·管仲《管子·参患》）

句解：具备才能的人流亡在外，就会有外来的灾难；群臣朋党相互勾结，就会有内部的祸乱。

原文：圣人千虑，必有一失；愚人千虑，必有一得。（春秋·晏婴《晏子春秋·杂下》）

句解：圣贤之人思考一千次，必定有一次会失误；愚蠢之人思考一千次，必定有一次是正确的。

原文：以亡取存，以卑取尊，以退取先。（春秋·辛妍《文子·道原》）

句解：以衰亡换取生存，以卑下换取尊贵，以退让换取前进。

原文：所谓无为者，不先物为也；无治者，不易自然也；无不治者，因物之相然也。（春秋·辛妍《文子·道原》）

句解：所谓无为，就是不以思想先于外物；所谓无治，就是不违背自然规律；所谓无不治，就是因循自然规律和事物之间的相互联系而进行治理。

原文：反者道之常也，柔者道之刚也，弱者道之强也。（春秋·辛妍《文子·道原》）

句解：所谓反是道的常态，所谓柔是道刚强的一面，所谓弱是道强大的一面。

原文：欲生不可事也，憎死不可辞也，贱之不可憎也，贵之不可喜也，因其资而宁之，弗敢极也，弗敢极即至乐极也。（春秋·辛妍《文子·九守》）

句解：若想求得长生不老是不可能的，虽然憎恶死亡，但却不可逃避，卑贱是不能憎恨的，高贵是不能喜悦的，遵循自然规律而持守规律，不敢达至规律的极限，也就达到了快乐的极限。

原文：有一日之命，有一年之命，有一时之命，有终身之命。终身之命，无时成者也。（春秋·鹖冠子《鹖冠子·环流》）

句解：有一天的命，有一年的命，有一季的命，有一生的命。一生的命不是由时间所促成的。

原文：气故相利相害也，类故相成相败也。（春秋·鹖冠子《鹖冠子·环流》）

句解：气，互相有利又互相伤害；同类之物，互相促成又互相损坏。

原文：欲知来者，察往；欲知古者，察今。（春秋·鹖冠子《鹖冠子·近迭》）

句解：要想知道未来的事，就要考察以往的历史；要想知道古代的情形，就要考察当今的社会。

原文：祸乎，福之所倚；福乎，祸之所伏。祸与福如纠缠，浑沌错

纷，其状若一，交解形状，孰知其则？（春秋·鹖冠子《鹖冠子·世兵》）

句解：祸患、幸福紧紧依靠；幸福、祸患深深潜伏。祸患与幸福相互缠绕，难分难解，形状仿佛一样，解开它们缠绕的形状，谁知道其中的法则？

原文：烈士徇名，贪夫徇财。（春秋·鹖冠子《鹖冠子·世兵》）

句解：坚贞的人为声名而死，贪婪的人为财产而死。

原文：故人者莫不蔽于其所不见，隔于其所不闻，塞于其所不开，诎于其所不能，制于其所不胜。世俗之众，笼于此五也。（春秋·鹖冠子《鹖冠子·天权》）

句解：所有人没有不为自己不能看见的所遮蔽，没有不为不能听见的所隔绝，没有不为不能打开的所封闭，没有不为不能懂得的所屈服，没有不为不能战胜的所制约。普通的人都被这五个方面所笼罩。

原文：德万人者谓之隽，德千人者谓之豪，德百人者谓之英。德音者，所谓声也，未闻音出而响过其声者也。（春秋·鹖冠子《鹖冠子·博选》）

句解：恩德施予万人就叫做隽，恩德施予千人就叫做豪，恩德施予百人就叫做英。美好的德行所获得的名声，就是所谓的声誉，没有听说过声音的产生其响亮程度会超过本来之声的。

原文：可以生而生，天福也；可以死而死，天福也。（春秋·列御寇《列子·力命》）

句解：生存而得以生存，这是上天的赐福；应该死亡而得以死亡，这也是上天的赐福。

原文：见出以知入，观往以知来。（春秋·列御寇《列子·说符》）

句解：看见出去的就能知道要进来的，审视既往就能推测未来。

原文：得时者昌，失时者亡。（春秋·列御寇《列子·说符》）

句解：顺应时事的必然昌盛，违逆时事的必然灭亡。

原文：有不虞之誉，有求全之毁。（战国·孟轲《孟子·离娄上》）

句解：有意想不到的赞誉，也有求全责备的诋毁。

原文：人之患，在好为人师。（战国·孟轲《孟子·离娄上》）

句解：人的缺点在于喜好做别人的老师。

原文：夫道若大路然，岂难知哉？人病不求耳。（战国·孟轲《孟子·告子下》）

句解：道路仿佛大路一样，怎么难以知道呢？只是人们不肯去探求罢了。

原文：人有三不祥：幼而不肯事长，贱而不肯事贵，不肖而不肯事贤，是人之三不祥也。人有三必穷：为上则不能爱下，为下则好非其上，是人之一必穷也；向则不若，偝则谩之，是人之二必穷也；知行浅薄，曲直有以相县矣，然而仁人不能推，知士不能明，是人之三必穷也。人有此三数行者，以为上则必危，为下则必灭。（战国·荀况《荀子·非相》）

句解：人有三种不祥之事：年幼的人不肯侍奉年长的人，低贱的人不肯侍奉尊贵的人，无能的人不肯侍奉贤良的人，这是人的三种不祥之事。人有三种情况必会导致贫穷：身为上级不能爱护下属，身为下属喜好批评上级，这是人第一种必然困穷的情况；当面说不如别人优秀，背后却嘲笑别人，这是人第二种必然困穷的情况；智慧和德行都很少，行为的好坏和别人非常悬殊，却不推举有道德的人，不尊崇有智慧的人，这是人第三种必然困穷的情况。人有这些行为，让他身居高位就必然危险，处于下位就必然灭亡。

原文：以近知远，以一知万，以微知明。（战国·荀况《荀子·非相》）

句解：以当前的情况推知遥远的未来，以很少的事情推知很多的事情，以细微的征兆推知事物的结果。

原文：

信信，信也；疑疑，亦信也。贵贤，仁也；贱不肖，亦仁也。言而当，知也；默而当，亦知也。故知默犹知言也。（战国·荀况《荀子·非十二子》）

句解：相信应当相信的，是忠诚信；怀疑应当怀疑的，也是忠信。崇敬贤明的人，是仁爱；鄙视无能的人，也是仁爱。说话恰到好处，是智慧；沉默恰到好处，也是智慧。因此，学会沉默就如同学会说话。

原文：得众动天，美意延年，诚信如神，夸诞逐魂。（战国·荀况《荀子·致士》）

句解：得到众人拥护就可感动上天，精神愉快就能延年益寿，真诚信实就会有神明相助，浮夸妄诞就会心力交瘁。

原文：知莫大乎弃疑，行莫大乎无过，事莫大乎无悔，事至无悔而止矣，成不可必也。（战国·荀况《荀子·议兵》）

句解：智慧没有超过不存疑虑的，行动没有超过不出差错的，做事没有超过不后悔的，做事能达到不后悔的地步就可以了，成功是不一定的。

原文：凡人之患，蔽于一曲，而暗于大理。（战国·荀况《荀子·解蔽》）

句解：普通人的缺点是只能看到事物的一个方面，而不能看到所有的方面。

原文：祸与福邻，莫知其门。（战国·荀况《荀子·大略》）

句解：灾祸与幸福相邻，人们却不知道祸福产生的原因。

原文：尽小者大，积微者着，德至者色泽洽，行尽而声问远。（战国·荀况《荀子·大略》）

句解：容纳微小的就会巨大，积累细微的就会显著，品德到了极高的境界就会和颜悦色，行为尽善尽美就会声名远扬。

原文：道之真，以持身。其绪余以为国家，其土苴以治天下。

（秦·吕不韦《吕氏春秋·仲春纪·贵生》）

句解：天道的真谛是用来安身立命的，天道的剩余部分可以用来治国安家，天道的微末部分可以用来治理天下。

原文：

秋早寒，则冬必暖矣；春多雨，则夏必旱矣。天地不能两，而况于人类乎？（秦·吕不韦《吕氏春秋·仲春纪·情欲》）

句解：秋天提前寒冷，那么冬天一定暖和；春天雨水繁多，那么夏天一定干旱，天地不能同时具备两样东西，何况人类呢？

原文：流水不腐，户枢不蝼，动也。形气亦然。形不动，则精不流；精不流，则气郁。（秦·吕不韦《吕氏春秋·季春纪·尽数》）

句解：流动的水不会腐臭，转动的门轴不会被蝼蛄蛀蚀，是由于不断运动的缘故。人的身体和精气也是如此。身体不活动，精神就不能通畅；精神不通畅，精气就会郁积。

原文：智所以相过，以其长见与短见也。今之于古也，犹古之于后世也；今之于后世，亦犹今之于古也。故审知今，则可知古，知古。则可知后。古今前后，一也，故圣人上知千岁，下知千岁也。（秦·吕不韦《吕氏春秋·仲冬纪·长见》）

句解：智慧之所以有差别，是因为有人能预见未来，有人仅能看到眼前的事。当今与古代的关系，犹如古代与后世的关系；当今与后世的关系，犹如当今与古代的关系。因此精审准确地把握当今，就能了解古代，了解古代就能预知未来。古代、当今、从前、未来是一样的，因此圣人上知千年，下知千载。

原文：义者，百事之始也，万利之本也，中智之所不及也。以义动，则无旷事矣。（秦·吕不韦《吕氏春秋·慎行论·无义》）

句解：道义，是各种事物的开端，是各种利益的根本，中等智力的人不能达到道义的境界。依循道义而行动，就不会有荒废的事情。

原文：知美之恶，知恶之美，然后能知美恶。（秦·吕不韦《吕氏春秋·有始览·去尤》）

句解：知道美丽中含有丑陋，知道丑陋中含有美丽，然后才能知道什么是真正的美丑。

原文：天地之道，至纮以大，尚犹节其章光，爱其神明。人之耳目曷能久熏劳而不息乎？精神何能久驰骋而不既乎？（汉·刘安《淮南子·精神训》）

句解：天地的运行之道，极其深远广大，尚且还要节制它的光芒，爱惜它的精神。人的耳目怎能够长期辛劳而不停息呢？精神怎能够长期使用而不衰竭呢?

原文: 东面而望，不见西墙；南面而视，不睹北方。唯无所向者，则无所不通。(汉·刘安《淮南子·氾论训》)

句解: 面向东方而望，见不到西面的墙；面向南面而看，看不见北方。只有不局限于固定方向的人，就没有什么地方不能看到。

原文: 知人无务，不若愚而好学。自人君公卿至于庶人，不自强而功成者，天下未之有也。(汉·刘安《淮南子·修务训》)

句解: 聪明的人没有任何成绩，还不如愚笨的人喜好学习。自君主公卿直至普通平民，不自强自立而能有所建树的，天下从来没有过。

原文: 夫圣人之屈者，以求伸也；枉者，以求直也。故虽出邪辟之道，行幽昧之涂，将欲以直大道，成大功。犹出林之中，不得直道；拯溺之人，不得不濡足也。(汉·刘安《淮南子·泰族训》)

句解: 圣人暂时曲折，目的是求得伸展；圣人弯曲，目的是用来伸直。因此虽然出现在邪僻之路，行走在幽暗之途，也将会伸直大道，成就大功业。犹如出自树林之中，不能行走在直道上；拯救落水之人，不能不湿脚。

原文: 百川并流，不注海者不为川谷；趋行蹐驰，不归善者不为君子。故善言者归乎可行，善行者归乎仁义。（汉·刘安《淮南子·泰族训》)

句解: 百条河水同时奔流，不能汇入大海的不能算川谷；快速小步奔走，不能趋向善行不能算君子。因此善于言谈的人趋向于可以履行的内容，善于行动的人趋向于仁义。

原文: 视日月而知众星之蔑也，仰圣人而知众说之小也。（汉·扬雄《法言·学行》)

句解: 观察太阳和月亮就能知道繁星光亮的明暗，仰望圣人的行为就能知道各派学说的微小。

原文: 多闻则守之以约，多见则守之以卓。寡闻则无约也，寡见则无卓也。(汉·扬雄《法言·吾子》)

句解：听得多就会所守简约，见得多就会视野广远。听得少就会没有简约的行为，见得少就会没有卓越的见识。

原文：不为名之名，其至矣乎！为名之名，其次也。（汉·扬雄《法言·孝至》）

句解：不为追求名声而获得的名声，是最高的！为追求名声而得到的名声，是次一等的。

原文：俗好高古而称所闻。前人之业，菜果甘甜，后人新造，蜜酪辛苦。（汉·王充《论衡·超奇》）

句解：世俗喜好远古时代。而称颂远古时代的传闻，对于古人的事情，即使是普通的蔬菜瓜果，也认为甘甜无比，对于后人所创造的新鲜事物，即使是如蜜的乳浆，也认为苦辣。

原文：大器晚成，宝货难售。不崇一朝辄成贾者，菜果之物也。（汉·王充《论衡·状留》）

句解：珍贵的器具，经过长时间才能制作完成，宝贵的物品难以售出。用不了一个早上就能卖出去的货物，只能是菜瓜之类。

原文：德不优者，不能怀远；才不大者，不能博见。（汉·王充《论衡·别通》）

句解：品德不高尚的人，不能有远大的抱负；才能不大的人，不会有广博的见识。

原文：清受尘，白取垢。（汉·王充《论衡·累害》）

句解：干净的东西容易被弄脏，洁白的东西容易被玷污。

原文：剑不试则利钝闇，弓不试则劲挠诬。（汉·王符《潜夫论·考绩》）

句解：利剑不试一试，就不知道是利是钝，弯弓不拉一拉，就不知道是强是弱。

原文：辍者无功，耕怠者无获也。（汉·桓宽《盐铁论·击之》）

句解：做事半途而止就不会成功，耕田懈怠的人就不会有所收获。

原文：积薄而为厚，聚少而为多。（汉·刘向《战国策·秦策》）

句解：积累微薄才能成为厚重，积聚微少才能成为繁多。

原文：积羽沉舟，群轻折轴。（汉·刘向《战国策·魏策》）

句解：积累轻轻的羽毛可以沉掉船只，承载很多的轻物可以折断车轴。

原文：计有一二者难悖，听无失本者难惑。（汉·刘向《战国策·秦策》）

句解：有多套计划和方案，就不容易晕头转向，听取意见不忘记根本，就不容易晕头晕脑。

原文：家有不义之财，则伤本。（汉·刘向《战国策·秦策》）

句解：家中存有不义之财，就会受到牵累招致祸害。

原文：蛇固无足，子安能为之足。（汉·刘向《战国策·齐策》）

句解：蛇本来没有脚，你怎么能给蛇画脚呢?

原文：亡羊而补牢，未为迟也。（汉·刘向《战国策·楚策》）

句解：羊丢失了再修补羊圈，还不算晚。

原文：微之为著者强。（汉·刘向《战国策·赵策》）

句解：能见微知着、以小见大的人就会成为强大的人。

原文：不偏不党，王道荡荡。（汉·刘向《说苑·至公》）

句解：不偏私，不结党，正确的道路就会极其广阔。

原文：不威小，不惩大。（汉·刘向《说苑·指武》）

句解：不能威慑小的过错，对于大的过错也就无法惩治。

原文：不先正本而成忧于末也。（汉·刘向《说苑·建本》）

句解：不能先把握住根本使方向正确，事情办成之后才忧虑已经太迟了。

原文：得其所利，必虑其所害，乐其所成，必顾其所败。（汉·刘向《说苑·敬慎》）

句解：得到利益必须要想到损失，陶醉于成功必须要考虑到失败。

原文：江海无不受，故长为百川之主。（汉·刘向《说苑·君道》）

句解：江海不拒细流、容纳百川，所以永远都是百川的领袖。

原文：青青不伐，将寻斧柯。（汉·刘向《说苑·敬慎》）

句解：青青小树不砍掉它，如果长大后想砍伐就要使用斧头了。

原文：兵不可玩，玩则无威；兵不可废，废则召寇。（汉·刘向《说苑·指武》）

句解：对于军队不可掉以轻心，否则就会失去威严；而军队不可废置，否则就会招致外敌入侵。

原文：清水明镜，不可以形遁。（汉·刘向《新序·善谋》）

句解：在清澈的水和明亮的镜子中，是无法隐藏身形的。

原文：琼艘瑶楫，无涉川之用；金弧玉弦，无激矢之能。（晋·葛洪《抱朴子·外篇·博喻》）

句解：用琼制造的船，用瑶制作的楫，在水上航行时毫无用处，用黄金制作的弓弦和用宝玉制作的饰物，在射箭时毫无功用。

原文：神农不久疾，则四经之道不垂。（晋·葛洪《抱朴子·外篇·广譬》）

句解：神农不经常患病，那么《四经》这样的药书就不能流传。

原文：昔之达人，杜渐防微，色斯而逝，夜不待旦，睹几而作，不俟终日。（晋·葛洪《抱朴子·内篇·明本》）

句解：以前那些达观的人能够防微杜渐，察觉到异常情况，就立即避开，夜不待旦的连夜行动，他们能够从微小的地方看破玄机，采取行动，绝不会整天迟疑等待。

原文：抱朴子曰："天地之大德曰生，生好物者也。"（晋·葛洪《抱朴子·内篇·勤求》）

句解：抱朴子说："天地之间最大的德，就是让万物生存，因为生存是让人喜好的事情。"

原文：有生最灵，莫过乎人。（晋·葛洪《抱朴子·内篇·论仙》）

句解：天地间所有生命中，只有人是最具有灵性的。

原文：天道无为，任物自然，无亲无疏，无彼无此也。（晋·葛洪

《抱朴子·内篇·塞难》）

句解：天道是不去有所作为，听凭各种事物顺其自然的发展，没有亲近和疏远的差异，也不会厚此薄彼。

原文：豢豚以优畜晚卒，良马以陟峻早毙。（晋·葛洪《抱朴子·内篇·至理》）

句解：圈栏中的小猪因为吃得好而能很晚死去，而健壮的骏马却因为善于攀登险峻的山峰而过早的死去。

原文：若谓人禀正性，不同凡物，皇天赋命，无有彼此。（晋·葛洪《抱朴子·内篇·论仙》）

句解：如果说人所秉承的都是纯正的人性，不同于普通的事物，那么苍天赋予人们的生命，就应该是相同的，没有差别。

原文：寸火能焚云梦，蚁穴能决大堤。（晋·葛洪《抱朴子·外篇·备阙》）

句解：小小火星能把云梦焚毁，小小蚁穴能使大堤崩溃。

原文：大川不能促其涯，以适速济之情；五岳不能削其峻，以副陟者之欲。（晋·葛洪《抱朴子·外篇·广譬》）

句解：大川不能使其狭窄以适应渡河人的急切心情，高山不能使其变低以符合登山人的愿望。

原文：大厦既燔，而运水于沧海；此无及也！（晋·葛洪《抱朴子·外篇·广譬》）

句解：大厦起火之后，才到大海中去取水救火，这是来不及的。

原文：弹鸟，则千金不如丸泥之用。（晋·葛洪《抱朴子·外篇·备阙》）

句解：用弹弓打鸟时，即使千金也不如泥丸管用。

原文：得人者，先得之于己者也，失人者，先失之于己者也。（晋·葛洪《抱朴子·外篇·广譬》）

句解：得到人心的人，都是先对自己真诚；失去人心的人，都是先对自己伪善。

原文：得之不喜，失之安悲？（晋·葛洪《抱朴子·外篇·自叙》）

句解：得到时不欣喜，失去时怎么会悲伤呢？

原文：地不能隆其东西，天不能平其西北。（晋·葛洪《抱朴子·外篇·备阙》）

句解：大地不能使其东西方向隆起，天空不能使其西北方向低垂。

原文：开源不亿仞则无怀山之流，崇峻不凌霄则无弥天之云。（晋·葛洪《抱朴子·外篇·广譬》）

句解：源头不深广就不会有激流奔涌，高山不堆积就不会有云雾环绕。

原文：火烧平原无遗燎。（南朝·宋·刘义庆《世说新语·排调》）

句解：烈火在平原上熊熊燃烧，没有烧不到的地方。

原文：将恐今之视古，亦犹后之视今也！（南朝·宋·刘义庆《世说新语·规箴》）

句解：恐怕现在的人看待古人，也如同后代的人看待现在的人一样。

原文：博见为馈贫之粮。（南朝·梁·刘勰《文心雕龙·神思》）

句解：广博的见闻是赠给知识贫乏之人的精神食粮。

原文：激水不漪，槁木无阴。（南朝·梁·刘勰《文心雕龙·定势》）

句解：激流不会有涟漪，枯树不会有阴凉。

原文：东向而望，不见西墙也。（南朝·梁·刘勰《文心雕龙·知音》）

句解：向东眺望不能看到西边的墙。

原文：画者谨发而易貌，射者仪毫而失墙；锐精细巧，必疏体统。（南朝·梁·刘勰《文心雕龙·附会》）

句解：画家只注意画头发，就会使面貌变形，射手只对准细小的地方就会不见墙壁那样的大目标；把精力集中在毫微之处，一定会对整体有所疏忽。

原文：子曰："易乐者必多哀，轻施者必好夺。"（隋·王通《文中子中说·王道篇》）

句解：文中子说："容易快乐的人，往往容易悲哀，随意施舍的人，往往喜欢掠夺。"

原文：积乱之后，当生大贤。（隋·王通《文中子中说·关朗篇》）

句解：长期动乱之后，就会出现杰出的人物。

原文：子曰："我未见嗜义如嗜利者也。"（隋·王通《文中子中说·王道篇》）

句解：文中子说："我没有见过喜好仁义，如同贪图利益的人。"

原文：芮城府君起家为御史，将行，谓文中子曰："何以赠我？"子曰："清而无介，直而无执。"曰："何以加乎？"子曰："太和为之表，至心为之内。行之以恭，守之以道。"退而谓董常曰："大厦将颠，非一木所支也。"（隋·王通《文中子中说·事君篇》）

句解：文中子之兄芮城府君离开家去担任御史之职，临行时跟文中子说："用什么东西赠送给我么？"文中子说："清高，但不要过于耿直，耿直，但不要过于偏执。"兄问："还有什么要说的么？"文中子说："以和气为外表，以真诚的心为内含，采取行动时，要恭敬，时刻保持道义。"回来后，文中子跟董常说："大厦将要倒塌，不是一棵树所能支撑的。"

原文：贾琼问："何以息谤？"子曰："无辩。"曰："何以止怨？"曰："无争。"（隋·王通《文中子中说·问易篇》）

句解：贾琼问："怎样做能抑制诽谤？"文中子说："不争辩。"贾琼又问："怎样能消解怨恨？"文中子说："不争利。"

原文：子谓仇璋、薛收曰："非知之艰，行之惟艰。"（隋·王通《文中子中说·魏相篇》）

句解：文中子对仇璋和薛收说："知晓并不是很艰难的，推行才是非常艰难的。"

原文：子曰："和大怨者必有余怨，忘大乐者必有余乐，天之道也。"

（隋·王通《文中子中说·立命篇》）

句解：文中子说："与大怨恨的人和解，一定还会有怨恨，忘记大喜悦的人，必定还有喜悦。这是天之常理。"

原文：文中子曰："动失之繁，静失之寡。"（隋·王通《文中子中说·关朗篇》）

句解：文中子说："运动失去的多，静止失去的少。"

原文：自古失国之主，皆为居安忘危，处治忘乱，所以不能长久。（唐·吴兢《贞观政要·政体》）

句解：自古以来丧国的君主，都是处于安定之时忘记了潜在的危险，处在太平之时忘记了祸乱，因此不能长久地统治下去。

原文：赏当其劳，无功者自退；罚当其罪，为恶者戒惧。（唐·吴兢《贞观政要·择官》）

句解：奖赏了确实有功的人，无功的人自然就不争了；惩罚了确实有罪的人，为恶的人就畏惧了。

原文：凡人取果，宜待熟时，不撩自落。（宋·司马光《资治通鉴·梁纪》）

句解：人们摘取果子时，应当等到果子成熟之后，那时不用撩动果子自然就会落下。

原文：聪明流通者戒于太察，寡闻少见者戒于壅蔽。（宋·司马光《资治通鉴·汉纪》）

句解：心智聪明、交友广泛的人要警戒过于明察；寡闻少见的人要避免蒙蔽心智、孤陋寡闻。

原文：将涉千里，杀骐麟而策蹇驴，可悲之甚也。（宋·司马光《资治通鉴·陈纪》）

句解：要跋涉千里之遥，却把骏马杀掉，反而骑上跛驴，这是最可悲的事情。

原文：上不信下，下不信上；上下离心，以至于败。（宋·司马光

《资治通鉴·周纪》)

句解：上级不信任下属，下属不相信上级；上下级离心离德，最终必然导致失败。

原文：万乘之变，可以试智。(清·魏源《默觚下·治篇》)

句解：经过战争洗礼的人，就可以运用智谋。

原文：独得之见，必不如众议之参同也。(清·魏源《默觚下·治篇》)

句解：一个人的见解再深刻，也不如集思广益共同讨论过的意见。

原文：荒者，乱之萌也。(清·魏源《默觚·治篇》)

句解：荒废政事，是国家混乱的萌芽。

原文：恭俭，美德也，出于矫则过。故足恭取辱，苦节招凶。君子约之以中，而行之以诚，则恭近礼，俭中度矣。(宋·何坦《西畴常言·讲学》)

句解：恭敬勤俭是一种美德，如果过于做作，就会变成一种错误。所以过于恭敬就会招致侮辱，过于勤俭就会招致祸患。有智慧的人不偏不倚、坦率真诚，那么他的恭敬就接近于礼仪，他的勤俭就符合法度。

原文：水道曲折，立岸者见而操舟者迷；棋势胜负，对弈者惑而傍观者审。非智有明暗，盖静可以观动也。人能不为利害所汩，则事物至前，如数一二。故君子养心以静也。(宋·何坦《西畴常言·讲学》)

句解：水中之路曲曲折折，站在岸上的人一目了然，而掌舵行船的人则迷惑不已；棋局的形势变换万端，棋局中人疑疑惑惑，观棋的人则明明白白。这并不是因为人的智商有高低之分，而是因为心态平和才能观察事物的变化。人如果能够不被利益和危害所迷惑，那么面临任何事情时，都能透彻把握。所以有智慧的人，用修身养性来达到内心的平静。

原文：江行者，事神甚敬。言动稍亵，则飘风怒涛，对面立见，此诚有之。愚俗盖迫于势耳，君子不欺暗室。处平地者，顾可肆乎？(宋·何坦《西畴常言·应世》)

句解：在江中行船的人，非常虔诚地敬神。言语行为稍有亵渎，那么狂风恶浪立即就会在面前出现，这种事确实是有的。世间的凡人大概是迫于这种压力吧，所以君子即使在没人能看到的地方，也不会做有亵于神灵的事情。置身平地的人，难道就可以放肆妄为吗？

原文：勿谓微而不防，疽根一粟，裂肌腐肠。（元·许名奎《劝忍百箴·忽之忍》）

句解：不要认为事情微小而不预防，恶疮最初只有一粒米那样小，如不提前预防就会导致肠胃腐烂，甚至导致死亡。

原文：天赋于人，名位利禄，莫不有数。人受于天，服食器用，岂宜过度。乐极而悲来，祸来而福去。（元·许名奎《劝忍百箴·侈之忍》）

句解：老天爷给予人类的东西，包括功名利禄都有一定的限度，人从老天爷手中接受这些东西，包括衣服、食物、用具等，怎么能用之过度呢？快乐到了极限，就会产生悲哀，灾祸到来幸福就会离开。

原文：判生死于呼吸，争胜负于顷刻。蝮蛇螫手，断腕宜疾。冠而救火，揖而拯溺，不知权变，可为太息。（元·许名奎《劝忍百箴·急之忍》）

句解：拯救生死在呼吸之间，争夺胜负在顷刻之际，毒蛇咬了手，就要立即砍断手腕，衣帽整洁，不急不慢的去救火，作揖而礼貌的去拯救落水的人，是不懂得应变之道的，实在令人叹息啊。

原文：水太清则无鱼，人太察则无徒。瑾瑜匿瑕，川泽纳污。（元·许名奎《劝忍百箴·苛察忍》）

句解：水过于清澈，就不会有鱼，人过于认真，就不会有朋友。瑾瑜这样的宝玉，都会藏有瑕疵，大川大泽也会容纳污泥。

原文：人生未遇，如求谷于石田；及其当遇，如取果于家园。岂非得失有命，富贵在天？（元·许名奎《劝忍百箴·不遇忍》）

句解：人生没有遇到机遇时，仿佛在石头上种庄稼，怎么能得到收成呢？一旦机遇来临，就如同在自家的院子里摘果子那样容易。这难道不是人生得失由命运决定，富有与尊贵由上天安排么？

原文：一勺水具沧海味，世味无取尽尝，道味会有同嗜。（明·吴从先《小窗自纪》）

句解：一勺海水也具有海的味道，同样的道理人世间的滋味也是处处相同的，不必遍尝味道也一定相同。

原文：生来气无烟火，不必吸露餐霞；运中际少风云，也会补天浴日。（明·吴从先《小窗自纪》）

句解：如果天生胸无世俗之气，就不必修习仙道；如果命中缺少机缘，只要奋发图强，也能成就伟业。

原文：海市蜃楼，奇观总属乌有。因知天下饱眼之物，色色空华。（明·吴从先《小窗自纪》）

句解：海市蜃楼、奇观异景总是虚幻之物，因此可知天下所有赏心悦目的事物，样样都是空虚。

原文：有天外之片心，然后有惊人之奇句。（明·吴从先《小窗自纪》）

句解：有了神游天外的灵感，之后才有惊人的警句。

原文：如使善必福，恶必祸，则天之报施太浅；如使贤必举，愚必措，则人之得失甚平。（明·吴从先《小窗自纪》）

句解：如果轻易地让行善者得到奖励，作恶者受到惩罚，那么上天的报应就过于浅显；如果一味地让人才受重用，让普通人遭轻视，那么人生的得失就过于平淡。

原文：名世之语，政不在多；惊人之句，流声甚远。（明·吴从先《小窗自纪》）

句解：传世名言，不在于数量繁多；惊人诗句，的确能流传得很远。

原文：由少得壮，由壮得老，世路渐到分明。（明·吴从先《小窗自纪》）

句解：从少年到壮年，从壮年到老年，人生之路的意义才渐渐领悟。

原文：必出世者方能入世，不则世缘易堕；必入世者方能出世，不则空趣难持。（明·吴从先《小窗自纪》）

句解：只有超凡脱俗的人才能安然处世，否则就容易沉湎于人情世故之中；只有善于处世的人才能超凡脱俗，否则就会百无聊赖而难以把握命运。

原文：士君子碌碌一生，百事无成，只是无志。（明·吕坤《呻吟语·补遗》）

句解：士君子之所以一事无成，一生碌碌无为，完全是由于缺乏坚定的意志和远大的志向。

原文：自多其名，其名不足；自多其富，其富不足；自多其能，其能不足；良贾深藏若虚，谅哉！（明·彭汝让《木几冗谈》）

句解：自我夸耀名声很大，其实往往没有什么名声；自我夸耀富有的人，其实往往不算怎样富有；自我夸耀才能的人，其实往往没有多少才能；精明的商人从不露富，确实不假！

原文：多富贵则易骄淫，多贫贱则易局促，多患难则易恐惧，多酬应则易机械，多交游则易浮泛，多言语则易差失，多读书则易感慨。（明·彭汝让《木几冗谈》）

句解：经常处于富贵之中，就容易变得骄奢淫逸，经常处于贫贱之中，就容易变得拘谨胆怯，经常遭受磨难，就容易产生恐惧心理，经常忙于交际，就容易变得迟钝麻木；广泛结交朋友，就容易变得世故轻浮；经常言语轻率，就容易出现差错；经常阅读古书，就容易感慨叹息。

原文：造诣不尽者，天下之人品；读不尽者，天下之书。（明·彭汝让《木几冗谈》）

句解：修炼不尽、永无止境的，是每个人的品德；一生读不尽的，是浩瀚无边的书籍。

原文：多躁者必无沉毅之识，多畏者必无卓越之见，多欲者必无慷慨

之节，多言者必无质实之心，多勇者必无文学之雅。（明·彭汝让《木几冗谈》）

句解：性情暴躁的人一定没有深沉坚定的见解，顾虑重重的人一定没有深刻卓越的思想，私欲旺盛的人一定没有慷慨洒脱的气质，言语轻浮的人一定没有诚实忠厚的性格，勇猛强悍的人一定没有吟诗作赋的雅兴。

原文：天地之道，盈者消，虚者息，然忘其为消息也；汇河之道，高者与，卑者取，然忘其为与取也。彼沾沾之惠、察察之智、角角之能，隘矣！（明·彭汝让《木几冗谈》）

句解：天地间的规律，就是盈满者消减，虚空者增加，而两者又都忘记彼此的消减和增加；江河的本质就是高处之水下溢，低处予以接纳，而两者又都忘记彼此的下溢和接纳。而把自己曾经的施予常挂嘴边、与人斤斤计较、或是与人不断攀比，这的确是太狭隘了！

原文：涔蹄之水，必无掉尾之鱼。（明·彭汝让《木几冗谈》）

句解：马蹄坑中的一洼积水，一定不会有大鱼。

原文：自视之则见，借人视之则不见。自视，明也，视于无形，至明也；自听之则闻，借人听之则不闻。自听，聪也，听于无声，至聪也。（明·彭汝让《木几冗谈》）

句解：自己观察才能发现问题，通过他人观察就不能发现问题。自己观察，是明智的，如果能预测未来的事情，就是拥有大智慧的人；自己去倾听就能听到各种建议，通过他人倾听就不能听到任何建议。自己倾听，是聪明的，如果能听到无声的事物，就是极其聪明的人。

原文：奢者富而不足，何如俭者贫而有余。能者劳而俯怨，何如拙者逸而全真。（明·洪应明《菜根谭·五十五》）

句解：那些奢侈的人，虽然非常富有，却常常感到不足，哪里比得了贫穷的人，却因为勤俭而有节余呢？那些能干的人，虽然付出许多辛苦，却招致了人们的怨言，哪里比得了那些笨拙的人，安逸并能保持自己的本性呢？

原文：福莫福于少事，祸莫祸于多心。惟苦事者方知苦事之为福；惟平心者始知多心之为祸。（明·洪应明《菜根谭·四十九》）

句解：最大的幸福莫过于少事，最大的祸患莫过于多心。只有为事物所纠缠，烦恼不已，才能知道少事才是福，只有心境平和，心怀坦荡，才能知道多心就是祸。

原文：知成之必败，则求成之心不必太坚；知生之必死，则保生之道不必过劳。（明·洪应明《菜根谭·二八四》）

句解：如果知道努力成就的事，难免失败，那么追求成功的意志，就不必过于坚定；如果知道人生难免一死，那么养生的过程，就不必太过辛劳。

原文：上智者必不自智，下愚者必不自愚。（明·陈确《陈确集·瞽言》）

句解：极其聪明的人，一定不自以是；特别愚昧的人，一定不自以为愚昧。

原文：天下容有曲谨之小人，必无放肆之君子。（明·陈继儒《安得长者言》）

句解：天下允许有猥琐谨慎的小人，绝对没有肆意妄为的君子。

原文：水到渠成，瓜熟蒂落，此八字受用一生。（明·陈继儒《安得长者言》）

句解：水流到的地方自然形成水渠，瓜成熟的时候自然坠落于地，这八个字让人受用一生。

原文：沓假山无巧法，只是得其性之重也，故久而不倾。观此则严重者可以自立。（明·陈继儒《安得长者言》）

句解：搭建假山没有巧妙的办法，只是根据石头的特性和重量来堆砌，因此天长日久都不会倒塌。看到这种情况就能明白严守道德、行为庄重的人可以自立于世。

原文：只说自家是者，其心粗而气浮也。（明·陈继儒《安得长者

言》）

句解：只觉得自己正确的人，一定是粗心大意、心浮气躁的人。

原文：不可无道心，不可泥道貌；不可有世情，不可忽世相。（明·陈继儒《安得长者言》）

句解：内心中不能没有高尚的情操，外表上不能刻意妆扮成道貌岸然；处世时不能沾染上市侩习气，生活中不能忽视世间万象。

原文：天薄我福，吾厚吾德以迓之；天劳我形，吾逸吾心以补之；天阨我遇，吾亨吾道以通之。（明·陈继儒《小窗幽记·醒卷》）

句解：上天给我的福运微薄，我就增强我的品行修养来面对；上天让我的身体劳累，我就放松我的心灵以弥补；上天让我遭遇困苦，我就改变我的思想来适应和改变。

原文：竹密何妨水过，山高不碍云飞。（明·陈继儒《小窗幽记·素卷》）

句解：即使竹林再稠密，也不能妨碍水流通过；即使山峰再高峻，也不能妨碍浮云飘飞。

原文：到来都是泪，过去即成尘。（明·陈继儒《小窗幽记·绮卷》）

句解：来到眼前的生活，都是心酸的，等到过去以后，就灰飞烟灭了。

原文：气者所以运乎天地万物者也，有清则有浊，有厚则有薄。穷则变，变则通，故一治一乱，皆非一日之积也。（明·薛应旂《薛方山纪述》）

句解：大气决定着天地万物的变化，有清澈，就有浑浊，有深厚，就有浅薄。遭逢困境就会发生变化，发生变化就会趋于通达。因此人世间的稳定和动荡，都不是一朝一夕所形成的。

原文：牛牿于童，可服于厢，木植于芽，可栋明堂，必也其慎始乎！（明·薛应旂《薛方山纪述》）

句解：牛犊只有经受牧童的约束之后，才能在长大后驾辕拉车；树木只有在幼小时就受到精心呵护，才能在长大后成为栋梁之材，所以事物必须在开始时就十分谨慎。

原文：发达虽命定，亦由肯做工夫。（清·王永斌《围炉夜话·卷二》）

句解：一个人事业成功，飞黄腾达，虽然是外在条件注定的，但根本原因还是由于能力奋斗所取得的。

原文：积善之家必有余庆，积不善之家必有余殃。（清·王永斌《围炉夜话·卷一》）

句解：凡是积德行善的人家，必然会留给子孙许多恩泽。而作恶多端的人家，必然给子孙遗留下许多灾祸。

原文：人品之不高，总为一利字看不破。学业之不进，总为一懒字丢不开。（清·王永斌《围炉夜话·卷一》）

句解：人的品格不够高尚，是因为看不透世俗小利。学问不能精进，是由于不能摆脱懒惰。

原文：生资虽少智慧，而虑事精详，即是能人。（清·王永斌《围炉夜话·卷二》）

句解：尽管天赋不够聪明，但考虑事情精审详尽、周密细致，那就是才能出众的人。

原文：人生光阴易逝，要早定一成器日期。（清·王永斌《围炉夜话·卷二》）

句解：人生短暂，韶光易逝，所以应该尽早为自己设定成功的期限。

原文：世所相信，在能行，不在能言。（清·王永斌《围炉夜话·卷二》）

句解：世人所相信的，在于一个人行为的好坏，而不在于他是否能言善辩。

原文：人虽无艰难之时，要不可忘艰难之境。（清·王永斌《围炉夜话·卷二》）

句解：人虽然没有处在逆境之中，但是不能忘记人生之路上存在许多逆境。

原文：待下固当谦和，谦和而无节，及纳其悔。（明·薛瑄《从政录》）

句解：

居于官位的人对待下属本应当谦逊随和，但如果谦逊随和过度，到发生事端时就追悔莫及了。

原文：闻人毁己而怒，则誉己者至矣。（明·薛瑄《从政录》）

句解：居于官位的人听到别人诽谤自己就愤怒，那么迎合奉承的人便会到来。

原文：法立贵乎必行，立而不行，徒为虚文，适足以启下人之玩而已，故论事当永终知弊。（明·薛瑄《从政录》）

句解：法律一旦建立，必须实行就是最重要的。如果建立了制度却不实行，那无异于一纸空文，还会引起下属的嘲笑和蔑视，因此为官的人议论任何事情都要始终知道弊端的危害。

原文：天下大虑，惟下情不通为可虑，昔人所谓下有危亡之势，而上不知是也。（明·薛瑄《从政录》）

句解：天下最大的忧患，只有下情不能上达最为可怕，过去人们所说的下面的形势面临极大危险并有可能灭亡，但居于上面的官员却毫无所知，就是这个意思。

原文：人性中不曾缺一物，人性上不可添一物。（清·金缨《格言联璧·存养类》）

句解：人的本性中不曾缺少一件东西“为善”，人的本性之上，不可增添一件东西“欲望”。

原文：只是心不放肆，便无过差。只是心不怠忽，便无逸志。（清·金缨《格言联璧·存养类》）

句解：只要思想不放纵，就不会产生差错，只要思想不懈怠，就不会放松修养。

原文：静能制动，沉能制浮，宽能制褊，缓能制急。（清·金缨《格言联璧·存养类》）

句解：安静，能抑制躁动，沉稳，能抑制轻浮，宽容能抑制偏激，舒缓能抑制急躁。

原文：富贵，怨之府也。才能，身之灾也。声名，谤之媒也。欢乐，悲之渐也。（清·金缨《格言联璧·持躬类》）

句解：富贵，是怨恨的府第，才能是自身的灾患，名声是诽谤的媒介，欢乐是悲哀滋长的摇篮。

原文：闲暇出于精勤，恬适出于只惧。无思出于能虑，大胆出于小心。（清·金缨《格言联璧·持躬类》）

句解：闲暇来自勤劳，安逸来自敬畏。没有烦恼，来自多思多虑，胆大来自心细。

原文：居安虑危，处治思乱。（清·金缨《格言联璧·持躬类》）

句解：处于平安之时，要考虑到危险，处于治世之时，要想到混乱。

原文：有真才者，必不矜才。有实学者，必不夸学。（清·金缨《格言联璧·持躬类》）

句解：有真才华的人，必定不傲慢，有真正学识的人，必定不炫耀。

原文：处草野之日，不可将此身看得小。居廊庙之日，不可将此身看得大。（清·金缨《格言联璧·持躬类》）

句解：身居下位时，不能低估自己。身居显位时，不能骄傲自大。

原文：众恶必察，众好必察易。自恶必察，自好必察难。（清·金缨《格言联璧·持躬类》）

句解：别人的缺点和别人的优点看清楚是很容易的，自己的缺点和自己的优点看清楚是很难的。

原文：毋以小嫌疏至戚，毋以新怨忘旧恩。（清·金缨《格言联璧·接物类》）

句解：不要由于小小的误会而疏远亲朋好友，不要因为最近的埋怨而忘掉以前的恩情。

原文：毋矜清而傲浊，毋慎大而忽小，毋勤始而怠终。（清·金缨《格言联璧·从政类》）

句解：不要清高而傲慢，孤芳自赏，不要在大事上谨慎，而忽略小事，做事时不要开始辛勤，而最终懈怠。

原文：好恶之念，萌于夜气，息之于静也。恻隐之心，发于乍见，感之于动也。（清·金缨《格言联璧·惠言类》）

句解：人的善恶之念，萌发于夜深之时，而消失于安静之处，人的怜悯之心，萌生于猛然看见的刹那，心才为之感动。

原文：知足常足，终身不辱。知止常止，终身不耻。（清·金缨《格言联璧·惠言类》）

句解：知足就能常常满足，永远不受侮辱。知道停止而能急流勇退，则能终身不受耻辱。

原文：深谋远虑，行军用兵之道。（汉·贾谊《过秦论》）

句解：深谋远虑是行军用兵的基本原则。

原文：国虽大，好战必亡；天下虽安，忘战必危。（三国·吴·陆景《典语》）

句解：国家虽然强大，如果喜欢打仗那么必定灭亡；天下虽然安定，如果忘记战争那么必定危险。

原文：击其懈怠，出其空虚。（三国·魏·曹操《孙子注·计篇》）

句解：攻击敌人懈怠之时，打击敌人空虚之处。

原文：智者之虑，虑于未形；达者所观，观于未兆。（三国·魏·阮瑀《为曹公作书孙权》）

句解：智慧的人考虑问题，往往在问题未发生之前；通达的人观察事情，往往在事情未出现征兆之时。

原文：基广则难倾，根深则难拔。（晋·干宝《晋纪总论》）

句解：基础深厚就难以倾覆，树根深埋就难以拔起。

原文：不塞不流，不止不行。（唐·韩愈《原道》）

句解：奸邪之道不与阻塞，正义之道就不能畅通；错误的主张不与禁止，正确的主张就不能推行。

原文：借听于聋，求道于盲。（唐·韩愈《昌黎先生集·答陈生书》）

句解：向耳聋的人问话，向眼盲的人问路。

原文：敌存而惧，敌去而舞，废备自盈，只益为痫。（唐·柳宗元《敌戒》）

句解：敌人存在就胆怯畏惧，敌人离去就轻歌曼舞，放松戒备、自满自足，只能更加危险。

原文：邦之兴，由得人也；邦之亡，由失人也。（唐·自居易《辩兴亡之由策》）

句解：国家兴盛是由于得到了人民的拥护；国家衰亡是由于失去了人民的支持。

原文：国不兴不事之功，家不藏不用之器。（唐·魏征《群书治要·新语》）

句解：国家不兴办无用的土木工程，家中不珍藏无用的财物器皿。

原文：不念居安思危，戒奢以俭，斯以伐根而求木茂，塞源而欲流长也。（唐·魏徽《谏太宗十思疏》）

句解：不考虑在安乐时思虑危险，戒除奢侈、崇尚节俭，这就如同砍伐树根却想让树木茂盛，阻塞渊流却想让水流得长远。

原文：祸至后惧，是诚不知。君子之惧，惧乎未始。（唐·柳宗元《诫惧箴》）

句解：灾祸到来之后才害怕，这实在是不明智的。君子也有担忧，他们在灾祸发生之前，就提高警惕。

原文：求木之长者，必固其根本；欲流之远者，必浚其泉源。（唐·魏征《谏太宗十思疏》）

句解：希望树木长得高大茂盛，就必须稳固它的根部；希望水流永远流淌，就必须疏通它的源头。

原文：为赏罚者非他，所以惩劝者也。（唐·柳宗元《断刑论下》）

句解：进行赏罚的人没有其它的目的，目的只是警戒人们做坏事，鼓励人们做好事而已。

原文：为子孙作富贵计者，十败其九。（宋·林逋《省心录》）

句解：为子孙后代的富贵进行长久的打算，十个之中有九个会失败。

原文：天下之患，莫大于不知其然而然。（宋·苏轼《策略·第一》）

句解：天下的忧患，没有比不知道灾祸形成的原因更大的了。

原文：天下将兴，其积必有源；天下将亡，其发必有门。（宋·苏轼《策断》）

句解：国家即将兴起，力量的积聚一定有来源；国家即将灭亡，祸端的发生一定有原因。

原文：兴亡之端，莫非自己致者。（宋·曾巩《陈书录序》）

句解：国家兴盛或灭亡的起因，都是统治者自己造成的。

原文：得民之劳者昌，得民之忧者康。（宋·崔敦礼《刍言·卷上》）

句解：百姓肯为国效力，国家就昌盛，百姓肯为国家分忧，国家就太平。

原文：见微而知着。（宋·苏洵《辨奸论》）

句解：从事物的细微变化中，能够预知明显的后果。

原文：赏而不诚不劝也，刑而不诚不戒也。（宋·崔敦礼《刍言·卷上》）

句解：奖赏不出于诚心就没有劝勉的作用，刑罚不出于公正就没有戒示的作用。

原文：深谋远虑，所以不穷。（宋·张商英《素书·一》）

句解：能周密思考、深谋远虑，就能避免陷入困境之中。

原文：不经一事，不长一智。（清·曹雪芹《红楼梦·第六十回》）

句解：不经历一件事，就不能增长智慧。

原文：达人观之，生死一耳，何必生之为乐，死之为悲。（清·蒲松龄《聊斋志异·陆判》）

句解：在达观的人眼中，生死没有区别，何必因活着而快乐，因死亡而悲戚呢？

原文：舔跛者不忘履，盲者不忘视。（清·蒲松龄《聊斋志异·念秧》）

句解：脚跛的人不会忘掉步履，目盲的人不会忘掉审视。

原文：打蛇打在七寸。（清·王有光《吴下谚联》）

句解：打蛇要打在关键部位。

原文：军中无戏言。（清·无名氏《说唐·第八回》）

句解：军队中没有开玩笑的话。

原文：轻重生权衡，非权衡生轻重。善言心者，必有验于事矣。（清·魏源《皇朝经世文编·序》）

句解：事物的轻重导致秤的产生，并非先有秤而后才产生重量。因此强调心性作用的人，必须要经过事情的检验。

九 学习智慧

认真学习、勤于思考、努力实践，才能使人生获得成功。学习，只有学习，才能使人充满力量，才能使前途灿烂辉煌。学习若想获得成效，必须掌握必要的方法，而且要日积月累，勤学不倦，坚持不懈。古人关于学习的论述，如学与思、约与博，举一反三等等，至今仍然令人深思！

原文：不恒其德，无所容也。（《易经·咸传·恒》）

句解：人不能永远保持高尚的品德，就不能在世间安身立命。

原文：缓必有所失。（《易经·序卦》）

句解：思想麻痹懈怠，往往会招致损失。

原文：危者使平，易者使倾。（《易经·系辞下》）

句解：有危机意识的人就会平安无事，失去警惕性的人就会导致失败。

原文：安而不忘危，存而不忘亡，治而不忘乱。（《易经·系辞下》）

句解：安定的时候不忘危险，国存的时候不忘衰亡，太平的时候不忘混乱。

原文：乐天知命，故不忧。（《易经·系辞上》）

句解：乐天知命，所以没有忧虑。

原文：仁者见之谓之仁，知者见之谓之知。（《易经·系辞上》）

句解：仁义之人见到后称之为仁，智慧之士见到后称之为智。

原文：天地之道，恒久而不已也。（《易经·恒·象》）

句解：天地运行的规律，是永久也不止息。

原文：本乎天者亲上，本乎地者亲下。（《易经·干·文言》）

句解：依赖于苍天的亲近于上，依赖于大地的亲近于下。

原文：书不尽言，言不尽意。（《易经·系辞上》）

句解：文字不能彻底表达心中要说的话，语言不能彻底表达内心的思想。

原文：地势坤，君子以厚德载物。（《易经·坤·象》）

句解：大地处于下位，其形势厚重和顺，品德高尚的人效法大地，以宽厚的品德容载万物。

原文：君子在野，小人在位；民弃不保，天降之咎。（《尚书·大禹谟》）

句解：君子在民间，小人在官位；抛弃贤者，民心离散，上天就会使国家蒙受灾难。

原文：为山九仞，功亏一篑。（《尚书·旅獒》）

句解：想堆成一座九仞的高山，只差一筐土最终没能完成。

原文：制治于未乱，保邦于未危。（《尚书·周官》）

句解：治理天下，要在没有发生动乱的时候就采取控制的措施；保卫国家，要在没有发生危机的时候就采取行动。

原文：学于古训乃有获。（《尚书·说命下》）

句解：学习古人的教诲就会有收获。

原文：帷斆学半。（《尚书·说命下》）

句解：教育是学习的一半。

原文：学而后人政，未闻以政学者。（春秋·左丘明《左氏春秋·襄公三十一年》）

句解：学习有所成就之后才为官理政，没有听说把为官作为学习方法的。

原文：君子务知大者远者，小人务知小者近者。（春秋·左丘明《左氏春秋·襄公三十一年》）

句解：君子必须了解重大而长远的事，小人只是尽力了解渺小和眼前的事。

原文：夫学，殖也；不学将落。（春秋·左丘明《左氏春秋·昭公十八年》）

句解：学习如同种植一样，不勤奋学习就会堕落。

原文：不备不虞，不可以师。（春秋·左丘明《左氏春秋·隐公五年》）

句解：毫无准备又不能预测事情的发展，就不能出兵作战。

原文：君子务知大者远者，小人务知小者近者。（春秋·左丘明《左氏春秋·襄公三十一年》）

句解：君子追求伟大而遥远的目标，而小人追求渺小和眼前的利益。

原文：君子有远虑，小人从迩。（春秋·左丘明《左氏春秋·襄公二十八年》）

句解：君子往往深谋远虑，而小人则鼠目寸光。

原文：赏罚无章，何以沮劝？（春秋·左丘明《左氏春秋·襄公二十七年》）

句解：赏罚没有一定之规，怎么能阻止邪恶，勉励有功的人呢？

原文：得时无怠，时不再来。（春秋·左丘明《国语·越语》）

句解：得到时机不要荒废，过去的时间不会再来。

原文：轻则寡谋，骄则无礼。（春秋·左丘明《国语·周语》）

句解：轻举妄动的人缺乏谋略，骄傲自满的人骄横无礼。

原文：为虺弗摧，为蛇将若何？（春秋·左丘明《国语·吴语》）

句解：蛇小的时候不消灭，长成大蛇之后怎么办呢？

原文：人之有学也，犹木之有枝叶也。木有枝叶犹庇荫人，而况君子

之学乎？（春秋·左丘明《国语·晋语》）

句解： 人有学问，仿佛树木有枝叶。树木有枝叶还能为人遮阴，更何况是君子的学问呢？

原文： 君子既学之，患其不博也；既博之，患其不习也；既习之，患其无知也；既知之，患其不能行也；既能行之，贵其能让也。君子之学，致此五者而已矣。（《大戴礼记·曾子立事》）

句解： 君子已经开始学习，忧虑不够广博；知识已经广博，忧虑不能温习；已经进行温习，忧虑不能掌握道义；已经掌握道义，忧虑不能实行；已经能够实行，可贵的是能谦让。君子的学问，达到这五点就可以了。

原文： 不能则学，疑则问，欲行则比贤，虽有险道，循行达矣。今之弟子，病下人，不知事贤，耻不知而又不问，欲作则其知不足，是以惑暗。惑暗终其世而已矣，是谓穷民也。（《大戴礼记·曾子制言上》）

句解： 不懂就学，有疑难就请教，想做就效法贤人，即使有危险的道路，顺着道路就能到达。现在的学生看不起比自已差的人，又不知道尊敬贤人，耻于不知却又不请教，想去做而知识又不足，所以深感迷惑。如果一生都迷惑，这种人就可以说是穷困的人了。

原文： 君子博学而孱守之，微言而笃行之。行必先人，言必后人。（《大戴礼记·曾子立事》）

句解： 君子广博地学习而谨慎地遵守，很少谈论而坚决地实行。行动一定在别人之前，言论一定在别人之后。

原文： 玉不琢，不成器；人不学，不知道。是故古之王者，建国君民，教学为先。（《礼记·学记》）

句解： 玉石不经过雕琢，就不能成为器物；人不认真学习，就不能懂得道义。因此古代的君主，建立国家治理百姓，都把教学作为最重要的事情。

原文： 古之为政，爱人为大，所以治。（《礼记·哀公问》）

句解： 古代的君主处理政务，以爱人为最高的标准，所以天下得以大治。

原文：明于顺，然后能守危也。（《礼记·礼运》）

句解：明了和顺的内涵，然后才能身居高位而避免危险。

原文：丰年不奢，凶年不俭。（《礼记·王制》）

句解：丰收之年不穷奢极欲，灾害之年不过于吝啬。

原文：君子乐得其道，小人乐得其欲。（《礼记·乐记》）

句解：君子最大的快乐是追求道义，小人最大的快乐是满足私欲。

原文：君子之爱人也以德，细人之爱人也以姑息。（《礼记·檀弓》）

句解：君子爱别人以道德为衡量的标准，而心胸狭小的人则以姑息的态度原谅别人。

原文：为义而不讲之以学，犹种而弗耨也。（《礼记·礼运》）

句解：追求道义却不通过认真学习，就如同种了庄稼而不除草一样。

原文：为之者疾，用之者舒，则财恒足矣。（《礼记·大学》）

句解：所得迅速，花销缓慢，那么财物总是充裕的。

原文：惟善以为宝。（《礼记·大学》）

句解：只有善的东西才是宝物。

原文：君子之于学也，藏焉修焉，息焉游焉。（《礼记·学记》）

句解：君子对于学习的态度，是铭记在心而刻苦学习，即使在休息和闲暇时也不忘记。

原文：大学之法，禁于未发之谓豫，当其可之谓时，不陵节而施之谓孙，相观而善之谓摩。此四者，教之所由兴也。（《礼记·学记》）

句解：大学的教育方法，在错误的事情未发生时就予以禁止，这叫做预防，在适当的时候进行教育，这叫做及时，不超过学生的接受能力进行教育，这叫做顺其自然，让学生互相观察而体会到琢磨的好处，这叫做观摩。这四个方法是教育取得成功的原因。

原文：记问之学，不足以为人师，必也其听语乎！力不能问，然后语之；语之而不知，虽舍之可也。（《礼记·学记》）

句解：靠死记硬背而获得书本知识，不能够成为别人的老师，能够成为老师的人，一定是善于听取学生的提问并给予解答的人。当学生的能力还不能提问时，就要给他讲解；如果讲解了学生还不懂，那么停止不讲也是可以的。

原文：天之生物，必因其材而笃焉。故栽者培之，倾者覆之。（《礼记·中庸》）

句解：上天滋生万物，必定按照万物各自的材质加强它们。因此能够栽种的就予以培植，即将倾覆的就让它倾覆。

原文：或生而知之，或学而知之，或困而知之，及其知之一也；或安而行之，或利而行之，或勉强而行之，及其成功一也。（《礼记·中庸》）

句解：对于天下通行的大道，有人生来就知道，有人经过学习之后才知道，有人面临困惑经过探索后才知道，到了他们知道以后，就是一样的了；对于天下通行的大道，有人安然自得地实行，有人根据切身利益实行，有人则勉强实行，到了他们成功以后，就是一样的了。

原文：好学近乎知，力行近乎仁，知耻近乎勇。知斯三者，则知所以修身；知所以修身，则知所以治人；知所以治人，则知所以治天下国家矣。（《礼记·中庸》）

句解：好学接近于智慧，力行接近于仁爱，知耻接近于勇敢。如果知道这三点，就能够知道怎样修身了；如果知道怎样修身，就知道如何治理百姓了；如果知道怎样治理百姓，就知道如何治理国家了。

原文：诸侯并立，能终善者为长；列士并学，能终善者为师。（春秋·晏婴《晏子春秋·谏上》）

句解：诸侯同时存于世，能始终为善者成为霸主；众多学子同时学习，能始终努力者成为老师。

原文：大山之高，非一石也，累卑然后高。（春秋·晏婴《晏子春秋·内篇谏下》）

句解：大山之所以高峻，并非由于一块石头，而是由于积累许多碎石，然后才成为高山峻岭的。

原文：君子不镜于水而镜于人，镜于水，见面之容；镜于人则知吉

凶。（战国·墨翟《墨子·非攻》）

句解：君子不以水为镜子，而以别人为镜子。以水为镜子只能看到自己的面容，而以别人为镜子便能预测吉凶。

原文：少尝苦曰苦，多尝苦曰甘。（战国·墨翟《墨子·非攻上》）

句解：很少尝到苦味的人，稍稍吃苦就叫苦；而倍尝苦味的人，则能感到苦尽甘来。

原文：俭节则昌，淫佚则亡。（战国·墨翟《墨子·辞过》）

句解：勤俭节约就会昌盛，放荡淫欲就会灭亡。

原文：水虽平，必有波，衡虽正，必有差，尺虽齐，必有危。（春秋·辛妍《文子·上德》）

句解：水面虽然平静，一定会有波纹，衡秤虽然准确，一定会有差错，尺子虽然齐整，一定会有偏斜。

原文：非规矩不能定方圆，非准绳无以正曲直。（春秋·辛妍《文子·上德》）

句解：没有规矩就不能确定方圆，没有准绳就无以厘正曲直。

原文：泰山之高，倍而不见，秋毫之末，视之可察。（春秋·辛妍《文子·上德》）

句解：泰山尽管高大，背对着它却无法看见。新长出的鸟兽之毛的末梢，虽然细微但仔细观察却能发现。

原文：其见不远者，不可与言大；其知不博者，不可与论至。（春秋·辛妍《文子·自然》）

句解：见识不深远的人，不能与他谈论大的道理；知识不广博的人，不能与他讨论深奥的道理。

原文：老子曰："知而好问者圣，勇而好问者胜。"乘众人之智者即无不任也，用众人之力者即无不胜也。（春秋·辛妍《文子·自然》）

句解：老子说："有智慧而又好问不倦的人圣明，有勇气而又好问不倦的人获胜。"利用众人的智慧就没有不能胜任的事情，利用众人的力量就没有不能获胜的事情。

原文：凡可无学而能者，唯息与食也。（春秋·鹖冠子《鹖冠子·道瑞》）

句解：所有可以不用学习而能做到的，只有休息和吃饭。

原文：凡问之要，欲近知而远见，以一度万也。（春秋·鹖冠子《鹖冠子·度万》）

句解：凡是询问的要点，都是要知道浅近的而窥见高远的，用一个基本原理来推测万事万物。

原文：阳动而行，阴止而藏；阳动而出，阴隐而入。（《鬼谷子·捭阖》）

句解：面对有利的形势，就要积极进取、不断前进，面对不利的形势，就要停止行动、隐藏起来；面对有利的形势，就要勇猛出击，面对不利的形势，就要隐藏不出。

原文：物有自然，事有合离。有近而不可见，有远而可知。近而不可见者，不察其辞也；远而可知者，反往以验来也。(《鬼谷子·抵巇》)

句解：自然界的万事万物，都有运动的自然规律。人世间的万事万物，也同样要依照自然法则不断发展，有的尽管近在眼前，却不能看到，有的虽然远在天边，却能了解的很清楚。近在眼前，却不能了解，是由于对其言辞没有进行考察；远在天边，反而了解的清清楚楚，是由于反观以往，借鉴过去，对以后的事，做出预验。

原文：墙坏于其隙，木毁于其节，斯盖其分也。(《鬼谷子·谋》)

句解：墙壁是从小小裂缝开始损坏的，树木是从结疤处开始折断的，这也是事物的本来规律。

原文：为强者，积于弱也；为直者，积于曲也；有余者，积于不足也。(《鬼谷子·谋》)

句解：强大是从弱小经过不断的积累而形成的，强壮笔直是从弯曲逐渐积累而形成的，有余是从不足而逐渐积累起来的。

原文：故曰：是贵制人，而不贵见制于人。制人者，握权也。见制于人者，制命也。(《鬼谷子·谋》)

句解：所以说：做事的可贵之处在于控制别人，而并非被别人所控制，控制别人就是自己掌握权柄，所谓被别人所控制，就是命运被别人所掌握。

原文：高山仰之可极，深渊度之可测。(《鬼谷子·符言》)

句解：高山随高，但抬头就能看到它的顶点；深渊虽深，但仍然可以通过测量，获知其深度。

原文：己自知而后知人。

句解：先有自知之明，然后才了解别人。(《鬼谷子·反应》)

原文：温故而知新，可以为师矣。(《论语·为政》)

句解：温习旧知识而获得新体验，就可以做别人的老师了。

原文：学而不思，则罔；思而不学，则殆。(《论语·为政》)

句解：只学习而不思考，就会迷惑；只思考而不学习，就会疑惑。

原文：知之为知之，不知为不知，是知也。(《论语·为政》)

句解：知道就是知道，不知道就是不知道，这就是真正的智慧。

原文：行有余力，则以学文。(《论语·学而》)

句解：做事之后尚有余力，就用来学习。

原文：君子不重则不威，学则不固；主忠信，无友不如己者；过则勿惮改。(《论语·学而》)

句解：君子不持重就不会威严，学习后知识也不会牢固；应该要以忠、信两种品德为主，没有不如自己的朋友；有了过错就不要害怕改正。

原文：君子食无求饱，居无求安；敏于事而慎于言，就有道而正焉，可谓好学也已。(《论语·学而》)

句解：品德高尚的人饮食不追求饱足，居住不追求安逸；办事聪敏而说话谨慎，与有道义的人交往从而改正自己的错误，这样就可说是好学了。

原文：三人行，必有我师焉。择其善者而从之，其不善者而改之。(《论语·述而》)

句解：三个人一起走路，其中一定有可以做我老师的人；选择别人的优点予以学习，看到缺点就改正。

原文：多闻，择其善者而从之，多见而识之，知之次也。（《论语·述而》）

句解：广泛地听闻，选择其中好的去做，多方面看而牢记在心，这样获得的“知”仅次于生而知之。

原文：敏而好学，不耻下问。（《论语·公冶长》）

句解：聪敏而好学，不耻于向比自己地位低的人请教。

原文：笃信好学，守死善道。危邦不入，乱邦不居。天下有道则见，无道则隐。邦有道，贫且贱焉，耻也；邦无道，富且贵焉，耻也。（《论语·泰伯》）

句解：厚道诚信好学不倦，守节至死而维护道义。有危险的国家不进入，有祸乱的国家不居住。天下太平就出来做官，昏乱就归隐，国家安定，自己贫穷而卑贱是可耻的；国家昏乱，自己富有而尊贵也是可耻的。

原文：学如不及，犹恐失之。（《论语·泰伯》）

句解：学习就像追逐什么唯恐追不上，即使追上了又唯恐失去。

原文：士而怀居，不足以为士矣。（《论语·宪问》）

句解：读书人贪图安逸，就不能做个读书人。

原文：博学而详说之，将以反说约也。（战国·孟轲《孟子·离娄下》）

句解：广泛学习而详尽解说，之后反过来以简约的语言表达核心内容。

原文：大匠诲人必以规矩，学者亦必以规矩。（战国·孟轲《孟子·告子上》）

句解：技艺高超的工匠教导徒弟必定依照规矩，学习的人也必须依照规矩。

原文：教亦多术矣，予不屑之教诲也者，是亦教诲之而已矣。（战国·孟轲《孟子·告子下》）

句解：教育也有多种方法，我不屑于教诲某个人，这也是对他的一种教诲。

原文：贤人以其昭昭，使人昭昭；今以其昏昏，使人昭昭。（战国·孟轲《孟子·尽心下》）

句解：才能出众的人先自己彻底明白，再去让别人明白；如今的人自己糊里糊涂，却企图去让别人明白。

原文：播糠迷目，则天地四方易位矣。（战国·庄周《庄子·天运》）

句解：筛糠时如果迷了双眼，东南西北、天地四方就混乱了。

原文：鉴明则尘垢不止，止则不明也。（战国·庄周《庄子·德充符》）

句解：镜子明亮是由于没有沾染灰尘，沾染灰尘镜子就黯然失色。

原文：丘山，积卑而为高；江河，合水而为大。（战国·庄周《庄子·则阳》）

句解：丘山因积累碎石而高大，江河因融合细水而成大川。

原文：去小智而大智明。（战国·庄周《庄子·外物》）

句解：去除小聪明才能拥有更大的聪明才智。

原文：真积力久则入，学至乎没而后止也。（战国·荀况《荀子·劝学》）

句解：真心积聚力量，时间长久就能深入；学习到死亡，之后才能停止。

原文：知之曰知之，不知曰不知，内不自以诬，外不自以欺，以是尊贤畏法而不敢怠傲，是雅儒者也。（战国·荀况《荀子·儒效》）

句解：知道的就说知道，不知道的就说不知道，对内不自我欺骗，对外不欺骗别人，用这样的态度来尊敬贤良、敬畏法度，不敢懈怠傲慢，这就是高雅的儒者。

原文：不闻不若闻之，闻之不若见之，见之不若知之，知之不若行之，学至于行之而止矣。（战国·荀况《荀子·儒效》）

句解：没有听到不如听到，听到不如看到，看到不如了解，看到不如真正了解，了解不如采取行动，学习的境界到了可以采取行动的时候就达到了顶点。

原文：学也者，固学止之也。恶乎止之？曰：止诸至足。曷谓至足，曰：圣也。（战国·荀况《荀子·解蔽》）

句解：学习本来具有限度应该在哪里停止呢？答案是在达到满足的时候停止。什么叫达到满足呢？答案是达到圣人的境界就可以停下来。

原文：学问不厌，好士不倦，是天府也。（战国·荀况《荀子·大略》）

句解：勤学好问不会厌烦，喜好贤士不知疲倦，这是获得知识和人才的天然库府。

原文：不疾学而能为魁士名人者，未之尝有也。（秦·吕不韦《吕氏春秋·孟夏纪·劝学》）

句解：不刻苦学习而能成为声名卓著、出类拔萃的人，是不曾有过的。

原文：教也者，义之大者也；学也者，知之盛者也。义之大者，莫大于利人，利人莫大于教；知之盛者，莫大于成身，成身莫大于学。（秦·吕不韦《吕氏春秋·孟夏纪·尊师》）

句解：教育，是意义重大的事；学习，是智慧超群的事。意义重大的，没有比有利于他人更大的了，有利他人没有比教育更重要的了；智慧超群的事，没有比修身养性更大的了，修身养性没有比学习更重要的了。

原文：物固莫不有长，莫不有短，人亦然。故善学者，假人之长，以补其短。（秦·吕不韦《吕氏春秋·孟夏纪·用众》）

句解：事物本来都有长处，都有短处，人也是如此。所以善于学习的人，借别人的长处，以弥补自己的短处。

原文：太上知之，其次知其不知。不知则问，不能则学。不知而自以为知，百祸之宗也。（秦·吕不韦《吕氏春秋·有始览·谨听》）

句解：最高等的是生而知之，次一等的是知道自己有所不知。不知道就请教，不懂就学习。不知道却自以为知道，是各种灾祸的根源。

原文：不学之与学也，犹喑聋之比于人也。凡学者能明于天人之分，

通于治乱之本，澄心清意以存之，见其终始，可谓知略矣。（汉·刘安《淮南子·泰族训》）

句解：不学习和学习的区别，犹如聋哑人和正常人。能够学习的人能够明白天道和人事的法则，通达治理和混乱的根本，澄清心情、理顺思想以保存它们，自始至终如此表现，就可以算是知道谋略了。

原文：学者，所以求为君子也。求而不得者有矣夫！未有不求而得之者也。（汉·扬雄《法言·学行》）

句解：学习是为了追求成为君子，追求却不能达到目的是经常有的，然而却没有不进行追求而能成为君子的。

原文：大人之学也为道，小人之学也为利。（汉·扬雄《法言·学行》）

句解：品德高尚的人学习是为了追求道义，品德低劣的人学习是为人谋取私利。

原文：百川学海，而至于海；丘陵学山，不至于山；是故恶夫画也。（汉·扬雄《法言·学行》）

句解：百川效法海洋，而能抵达海洋；丘陵效法高山，却不能成为高山；因此就憎恨而停止学习。

原文：学，行之上也，言之次也，教人又其次也。咸无焉，为众人。（汉·扬雄《法言·学行》）

句解：学习而能采取行动是最高等的，立言传世是次一等的，仅能教导他人是又次一等的。三个方面都不具备，就是平庸的人。

原文：学者，所以修性也。视、听、言、貌、思，性所有也。学则正，否则邪。（汉·扬雄《法言·学行》）

句解：学习是用来修身养性的，观看、听闻、言谈、容貌、思考，都是人的本性所固有的。学习品行就端正，否则就会邪恶。

原文：师者，人之模范也。模不模，范不范，为不少矣。（汉·扬雄《法言·学行》）

句解：教师，是学生的楷模和典范。楷模不像楷模，典范不像典范，这样的人为数不少。

原文：一哄之市，不胜异意焉；一卷之书，不胜异说焉。一哄之市，必立之平；一卷之书，必立之师。（汉·扬雄《法言·学行》）

句解：一个喧闹的集市，有许多不同意见；一卷书籍之中，有许多不同见解。一个喧闹的集市上，必须设立一个度量衡的标准；一卷书籍之中，必须要选择一个老师。

原文：学犹饰也，器不饰则无以为美观，人不学则无以犹懿德。（汉·徐干《中论·治学》）

句解：学习仿佛修饰，器物不修饰就不能美观，人不学习就不能拥有美好的品德。

原文：《诗》云："高山仰止，景行行止。"好学之谓也。（汉·徐干《中论·治学》）

句解：《诗经》说："高山仰止，景行行止。"说的就是好学。

原文：孤居而愿智，不如务学之必达也。（汉·徐干《中论·治学》）

句解：独自隐居而祈愿拥有智慧，不如进行学习必然能够获得智慧。

原文：夫不学而求知，犹愿鱼而无网焉，心虽勤而无获矣。（晋·葛洪《抱朴子·外篇·勖学》）

句解：不学习却想求得知识，犹如想得到鱼，而没有捕鱼的网一样，愿望虽然很好，却不会有收获。

原文：未有不因学而鉴道，不假学以光身者也。（北齐·刘昼《刘子卷一·崇学》）

句解：没有不由于学习而明鉴道理的，没有不借助学习以获得荣耀的。

原文：人之不学，则才智腐于心胸。（北齐·刘昼《刘子卷一·崇学》）

句解：人如果不学习，那么才智则会积腐于心中。

原文：人性美而不监道者，不学也。（北齐·刘昼《刘子卷一·崇学》）

句解：人的品性美好而不能掌握道理，是由于不学习。

原文：自古明王圣帝犹须勤学，况凡庶乎！（南朝·宋·颜之推《颜氏家训·勉学》）

句解：自古以来，圣明的帝王们都必须勤奋学习，更何况普通的百姓呢？

原文：若能常保数百卷书，千载终不为小人也。（南朝·宋·颜之推《颜氏家训·勉学》）

句解：如果能经常保持拥有几百卷书，即使千年之后，也不会成为品德低劣的人。

原文：伎之易而可贵者，无过读书也。（南朝·宋·颜之推《颜氏家训·勉学》）

句解：所有技艺中，容易掌握、又值得尊崇的本领，没有能超过读书的。

原文：夫子积学，当日知其所亡，以就懿德。（南朝·宋·范晔《后汉书·列女传》）

句解：不断积累学问，就应当每天都知道犯下的错误，以成就美好的品德。

原文：天下之事，不可不密。（南朝·梁·沈约撰《宋书·王懿传》）

句解：天下国家的重要事情，不可以不严守机密。

原文：以威加人人不厌。（南朝·梁·沈约撰《宋书·武三王传》）

句解：以强大的力量强加于人，那么人心不服。

原文：为上易事，为下易知。（后晋·刘昫《旧唐书·魏征传》）

句解：使上级容易操作，让下级容易知晓。

原文：为君不易，为臣极难。（后晋·刘昫《旧唐书·杜正伦传》）

句解：作为君主不容易，作为臣属更是极难。

原文：临事尚守，当机贵断。（元·脱脱《宋史·宋绶传》）

句解：面临大事崇尚操守，处理危机贵乎决断。

原文：一节之士，不足学也。（元·脱脱《宋史·孙固传》）

句解：只有一种美好品德的人，不足以向他学习。

原文：安能每事尽善，勉励可也。（元·脱脱《金史·世宗本纪下》）

句解：怎么可能每件事情都十全十美，勉励自己尽力而为就可以了。

原文：丈夫不耐饥寒一事不可为。（元·脱脱《金史·郝天挺传》）

句解：大丈夫不能忍受饥寒交迫的困境，就将无所作为。

原文：教不立，学不传，人材不期坏而自坏。（宋·程颐、程颢《二程集·论学篇》）

句解：没有完善的教育制度，没有优秀的老师传授学问，人才自然而然就会被毁灭。

原文：学者不必远求，近取诸身，只明人理，敬而已矣，便是约处。（宋·程颐、程颢《二程集·论学篇》）

句解：学习的人不必向远处求索，反省自身就可以了，只需明白人世的道理，保持恭敬而已，这就是最重要的。

原文：性静者可以为学。（宋·程颐、程颢《二程集·论学篇》）

句解：性情清净的人可以深入学习。

原文：君子之学贵于一，一则明，明则有功。（宋·程颐、程颢《二程集·论学篇》）

句解：君子学习贵在专一，专一就会明澈，明澈就会取得功效。

原文：学不贵博，贵于正而已，正则博。（宋·程颐、程颢《二程集·论学篇》）

句解：学习不以渊博为可贵，可贵的是心智纯正罢了，心智纯正就会渊博。

原文：夫学，非读书之谓，然不读书则不知为学之方，故读书之贵专而不贵博。（宋·朱熹《学规类编》）

句解：做学问，不仅仅专指读书，但是不读书就不知道做学问的方法，所以读书贵在专精，而不贵在广博。

原文：读书无疑者，须教有疑，有疑者却要无疑，到这里方是长进。（宋·朱熹《学规类编》）

句解：读书学习没有疑问的，必须要使自己产生疑问，有疑问的人却要做到坚信无疑，到这种境地才是获得了长足的进步。

原文：今学者有两种病，一是主私意，二是旧有先人之说。（宋·朱熹《学规类编》）

句解：如今的学者有两种缺点，第一个是主观臆测，第二个是固有的先人之见。

原文：为学日进为慰！（宋·陆九渊《陆九渊集·卷四》）

句解：学习每天都能进步，就是令人欣慰的！

原文：人之不可以不学，犹鱼之不可以无水。（宋·陆九渊《陆九渊集·卷十二》）

句解：人不能不学习，就像鱼不能没有水一样。

原文：学者须先立志，志既立，却要遇名师。（宋·陆九渊《陆九渊集·卷三十四》）

句解：学习的人必须首先立下志向，志向确立以后，就要寻找高明的老师。

原文：学者观书，复见每知新意则学进矣。（宋·张载《张载集·张子语录》）

句解：学习的人阅读图书，第二次阅读时总能获得新的认识，就说明学习进步了。

原文：人若志趣不远，心不在焉，虽学无成。（宋·张载《张载集·经学理窟》）

句解：人如果心智和兴趣不高远，学习不专心致志，虽然学习了，也不会有成效。

原文：学不能自信而明者，患在不勉尔。（宋·张载《张载集·横渠易说》）

句解：学习却不能保持自信而明白事理，主要原因在于不勤勉。

原文：学未始废读书，而不止读书，读书未始非学，而未可谓学。（明·陈确《陈确集》）

句解：学习从来没有停止过读书，却不仅仅是读书，读书不能说是不学习，却不能称之为学习。

原文：读书不能身体力行，便是不曾读书。（明·陈确《陈确集》）

句解：读书不能亲自实践，就等于不曾读过书。

原文：心中醒，口中说，纸上作，不从身上习过，皆无用也。（清·颜元《存学编》）

句解：能在心中明白，能从嘴中说出，能在纸上写作，如果不能自身实践，都是没用的。

原文：兀坐书斋，人无一不脆弱，为武士农夫所笑者。（清·颜元《存学编》）

句解：独自坐在书斋之中，这样的人没有一个不是弱不禁风的，他们被武士农夫所耻笑。

原文：心上思过，口上讲过，书上见过，都不得力，临事时依旧是所习者出。（清·颜元《存学编》）

句解：心上思量过，嘴上谈论过，书上看到过，都没有大用处，碰到须处理的事情时，仍然按照早已掌握的知识处理。

原文：创意造言，皆不相师。（唐·李翱《答朱载言书》）

句解：创作文学作品不应模仿别人，应当富于独创性。

原文：为学务日益，此言当自程；为道贵日损，此理在戒盈。（宋·苏轼《张寺丞益斋》）

句解：学习必须每天都追求进步，人们应该把这句话当做每日奉行的标准，在学习为人之道时，最可贵的是每日都觉得自己还很不够，这个道理在感到满足的时候应引以为戒。

原文：为学之道，必本于思。思则得知，不思则不得也。（宋·晁说之《晁氏客语》）

句解：学习的根本是思考，通过思考才能得到知识，不思考就不会得到知识。

十 励志智慧

人生最高贵的品质就是坚韧不拔，百折不回。在逆境中积蓄力量，以待一搏；在失败后擦干泪水，继续前行！只要不沮丧、不气馁、不认输，只要不屈不挠、意志坚定地与命运进行坚决的抗争，这本身就是成功！贫贱不能移，威武不能屈，这就是英雄豪杰！志向确立之后，立即采取行动。

原文：君子以致命遂志。（《易经·困·象》）

句解：君子宁愿牺牲生命，也要实现远大的志向。

原文：君子以多识前言往行，以蓄其德。（《易经·大畜·象》）

人生指南：《说文》："行，人之不趋也。从彳，从亍。"

句解：品德高尚的人多多牢记前人的嘉言善行，用来培养和提高自己的品行。

原文：劳而不伐，有功而不德，厚之至也！（《易经·系辞上》）

句解：勤劳而不自夸，有功德而不自以为有德，这是极其敦厚的品质啊！

原文：谦也者，致恭以存其位者也。（《易经·系辞上》）

句解：所谓谦逊，就是致力于恭谨而保全自身地位的准则。

原文：君子以反身修德。（《易经·蹇·象》）

句解：君子反于自身，自我观照，修养品德。

原文：君子以正位凝命。（《易经·鼎·象》）

句解：君子遵守正道，严守使命。

原文：君子以恐惧修省。（《易经·震·象》）

句解：君子以惊惶恐惧的心情自我反省。

原文：君子以思不出其位。（《易经·艮·象》）

句解：君子的所思所虑，从来不超出自己的身份。

原文：君子以立不易方。（《易经·恒·象》）

句解：品德高尚的人立身于正道，坚守品行而不改变。

原文：君子以非礼弗履。（《易经·大壮·象》）

句解：品德高尚的人不做违背礼义的事。

原文：君子以自昭明德。（《易经·晋·象》）

句解：君子自我昭著美好的品德。

原文：君子以独立不惧，遁世无闷。（《易经·大过·象》）

句解：君子特立独行，无所畏惧，隐居避世而毫无苦闷。

原文：君子以虚受人。（《易经·咸·象》）

句解：君子以虚怀若谷的态度，广泛接受别人的教诲。

原文：不事王侯，高尚其事。（《易经·蛊·上九》）。

句解：不服侍王侯，把持守节操道义看成至高无上的事。

原文：刚健笃实辉光，日新其德。（《易经·大畜·象》）

句解：刚劲强健，真诚充实，光辉焕发，每日都增进品德。

原文：天行健，君子以自强不息。（《易经·干·象》）

句解：天道的运行刚健有力，君子应该效法天道，终生不息地奋发图强。

原文：不易乎世，不成乎名；遁世无闷，不见是而无闷；乐则行之，忧则违之，确乎其不可拔。（《易经·干·文言》）

句解：不被污浊的社会风气改变节操，不贪求虚名，隐居避世而毫无苦闷；愿意的事就去做，不愿意的事绝不做，意志坚定且不可动摇。

原文： 庸言之信，庸行之谨。闲邪存其诚，善世而不伐，德博而化。（《易经·干·文言》）

句解： 日常的言论讲求诚信，日常的行为讲求谨慎。避免邪念，保持诚信，做了有益于人的事而不炫耀，以广博深厚的品德感化人心。

原文： 我心非石，不可转也；我心非席，不可卷也；威仪棣棣，不可选也。（《诗经·邶风·柏舟》）

句解：

我的心不是石头，不能任人随意转移；我的心不是草席，不能任人随意卷起；雍容娴雅威风凛凛，不能退让受人欺辱。

原文： 百尔君子，不知德行。不忮不求，何用不臧？（《诗经·邶风·雄雉》）

句解： 天下众多君子，不知道德和修养。如果不伤害人又不贪婪，走到哪里不顺利呢？

原文： 宽而栗，柔而立，愿而恭，乱而敬，扰而毅，直而温，简而廉，刚而塞，强而义。（《尚书·皋陶谟》）

句解： 宽宏而庄重，温柔而卓立，谨慎而谦恭，多才而敬业，和顺而刚毅，耿直而温和，简易而廉洁，刚正而充实，坚强而正直。

原文： 无起秽以自臭。（《尚书·盘庚中》）

句解： 不要扬起污秽之物用来搞臭自己。

原文： 凡厥庶民，有猷、有为、有守。（《尚书·洪范》）

句解： 对普通民众而言，要有智谋、有作为、有节操。

原文： 夫敬，德之恪也。恪于德以临事，其何不济？（春秋·左丘明《国语·晋语》）

句解： 恭敬是谨慎品德的表现，保持谨慎的德行来处理事务，有什么事不能成功？

原文： 刚而主能，不本而犯，怨之所聚也。（春秋·左丘明《国语·晋语》）

句解：性格刚烈又过高地估计自己的才能，不根据道义行事而去触犯他人，就会积聚怨恨。

原文：君子进则能达，退则能静。岂贵其能达哉？贵其有功也。岂贵其能静哉？贵其能守也。（《大戴礼记·曾子制言中》）

句解：君子进取就能通达，退让就能心平气和。哪里是看重能通达呢？是看有功绩。哪里是看重能心平气和？是看重能够保持志向。

原文：作者之谓圣，述者之谓明。明圣者，述作之谓也。（《礼记·乐记》）

句解：创作的人叫做圣人，讲述的人叫做明贤。明贤与圣人，是讲述与创作的意思。

原文：人一能之，己百之；人十能之，己千之。果能此道矣，虽愚必明，虽柔必强。（《礼记·中庸》）

句解：别人一次能做到的，我做一百次；别人十次能做到的，我做一千次。如果真能实行这个方法，即使愚蠢的人也一定会聪明起来，即使软弱的人也一定会刚强起来。

原文：小谨者，不大立。（春秋·管仲《管子·形势》）

句解：小心谨慎的人不能成就大事业。

原文：伐矜好专，举事之祸也。（春秋·管仲《管子·形势》）

句解：自夸而骄傲，刚愎自用，是行事的祸患。

原文：事者，生于虑，成于务，失于傲。不虑则不生，不务则不成，不傲则不失。（春秋·管仲《管子·乘马》）

句解：所有事情都是产生于思虑，成功于努力，失败于骄傲。不思虑就不会产生，不努力就不会成功，不骄傲就不会失败。

原文：为者常成，行者常至。（春秋·晏婴《晏子春秋·杂下》）

句解：只要肯做就会取得成功，只要肯走就能到达目的地。

原文：几者不晚，成而不抱，久而化成。（《鬼谷子·摩》）

句解：能够发现和掌握细微征兆和发展趋势，并采取果断行动的人，不会坐失良机，成功之后，也不会居功自傲，持之以恒的实行这种办法，就可以逐渐达到出神入化的境界。

原文：富与贵，是人之所欲也，不以其道得之，不处也；贫与贱，是人之所恶也，不以其道得之，不去也。君子去仁，恶乎成名！君子无终食之间违仁，造次必于是，颠沛必于是。（《论语·里仁》）

句解：富有和高贵，是每个人都想得到的，不用正当的手段得到它，君子不接受。贫困和卑贱，是每个人都厌恶的，不用正当的手段避开它，君子不抛弃。君子抛弃了仁义，怎能成就名声呢！君子没有在吃一顿饭的时间里违背过仁德，急迫慌忙时一定和仁义在一起，颠沛流离时也一定和仁义在一起。

原文：士志于道，而耻恶衣恶食者，未足与议也。（《论语·里仁》）

句解：士君子有志于真理，却以粗衣淡饭为耻辱，不值得和他一起议论。

原文：人不知，而不愠。（《论语·学而》）

句解：别人不了解我，我就不怀恨在心。

原文：德之不修，学之不讲，闻义不能徙，不善不能改，是吾忧也。（《论语·述而》）

句解：不培养品德，不讲习学问，听到道德的事不能做，有不好的行为不能改，这就是我的忧虑。

原文：贫而无怨难，富而无骄易。（《论语·宪问》）

句解：贫穷却没有怨恨很困难，富有却不骄傲很容易。

原文：君子之过也，如日月之食焉。过也，人皆见之；更也，人皆仰之。（《论语·子张》）

句解：君子的错误，就像日食月食。有了错误，人们都看到了；当他改正时，人们都敬仰他。

原文：志于道，据于德，依于仁，游于艺。（《论语·述而》）

句解：志向在道义之内，根基在德行之中，依从于仁义，游憩于六艺。

原文：富而可求也，虽执鞭之士，吾亦为之；如不可求，从吾所好。

（《论语·述而》）

句解：如果财富可以求得，即使是卑贱的人，我也愿意当；如果财富不可求得，就做我喜欢的事。

原文：君子之于天下也，无适也，无莫也，义之与比。（《论语·里仁》）

句解：君子对于天下之事，没有非得怎样做的，也没有非得不怎么做的，怎样做符合道义就怎样做。

原文：君子不忧不惧，内省不疚，夫何忧何惧？（《论语·颜渊》）

句解：君子不忧虑、不恐惧，自我反省毫无愧疚，有什么可忧虑恐惧的呢？

原文：后生可畏，焉知来者之不如今也。四十五十而无闻焉，斯亦不足畏也已。（《论语·子罕》）

句解：年轻人是值得敬畏的，怎能知道他们将来不如现在的人呢？到了四十岁、五十岁还未获得名声，这也就不值得敬畏了。

原文：三军可夺帅也，匹夫不可夺志也。（《论语·子罕》）

句解：三军可以失去主帅，一个普通人却不能丧失自己的志气。

原文：岁寒，然后知松柏之后凋也。（《论语·子罕》）

句解：隆冬之时，才知道松柏是最后落叶的。

原文：知者不惑，仁者不忧，勇者不惧。（《论语·子罕》）

句解：聪明的人不会疑惑，仁义的人没有忧虑，勇敢的人无所畏惧。

原文：人有不为也，而后可以有为。（战国·孟轲《孟子·离娄下》）

句解：人要有些事不做，然后才能去做一些事。

原文：居天下之广居，立天下之正位，行天下之大道。得志，与民由之；不得志，独行其道。富贵不能淫，贫贱不能移，威武不能屈，此之谓大丈夫。（战国·孟轲《孟子·滕文公下》）

句解：居住在天下广阔的住宅里，站立在天下正确的位置中，行走在天下宽广的道路上。心得意满时，和民众一起走正道；郁郁寡欢时，一人独自正道。富贵不能使我放纵，贫贱不能使我变节，威武不能使我屈服，这样才能叫英雄豪杰。

原文：有为者，辟若掘井。掘井九仞，而不及泉，犹为弃井也。（战国·孟轲《孟子·尽心上》）

句解：有所成就的人好比挖井，挖井挖到九仞之深，还没有见到井水就停止了，等于是一口废井。

原文：生，亦我所欲也；义，亦我所欲也。二者不可得兼，舍生而取义者也。（战国·孟轲《孟子·告子上》）

句解：生命也是我想要的，道义也是我想要的。假如二者不能同时得到，就舍去生命而选择道义。

原文：先立乎其大者，则其小者不能夺也。（战国·孟轲《孟子·告子上》）

句解：先确立起重要的部分，那么次要的部分就不能妨碍重要的部分了。

原文：天将降大任于斯人也，必先苦其心志，劳其筋骨，饿其体肤，空乏其身，行拂乱其所为，所以动心忍性，曾益其所不能。人恒过，然后能改；困于心，衡于虑，而后作；征于色，发于声，而后喻。入则无法家拂士，出则无敌国外患者，国恒亡。然后知生于忧患而死于安乐也。（战国·孟轲《孟子·告子下》）

句解：苍天将要降下重大责任到某个人身上，必定先折磨他的意志，劳累他的筋骨，使他的体腹忍饥挨饿，使他贫穷不堪，做事时总要受到严重干扰，以此来震撼他的心灵，磨炼他的意志，增加他的才能。人们经常有过错，之后才能改正；心意困顿，思绪不畅，然后才能有所行动；表现于脸色上，流露在言语中，然后才能被他人所了解。国家之中没有执法的大臣和敢于进谏之士。国家之外没有受强敌侵扰的忧患，这个国家必定会灭亡。了解这些，才能知道生存取决于忧愁患难；灭亡决定于安逸享乐。

原文：锲而舍之，朽木不折；锲而不舍，金石可镂。（战国·荀况《荀子·劝学》）

句解：如果雕刻中途停止，即使朽木也不能折断；如果雕刻持续进行，即使金属石头也能够雕出花纹。

原文：自知者不怨人，知命者不怨天；怨人者穷，怨天者无志。失之己，反之人，岂不迂乎哉？（战国·荀况《荀子·不苟》）

句解：认识自己的人不埋怨别人，知晓命运的人不埋怨上天；埋怨别人的人困窘无能，埋怨上天的人毫无志气。自己犯了错误，却推给他人，岂不是太迂腐了吗？

原文：积土而为山，积水而为海，旦暮积谓之岁，至高谓之天，至下谓之地，宇中六指谓之极。（战国·荀况《荀子·儒效》）

句解：积累细土而成为高山，积累细水而成为大海，日夜不停的积累就叫做岁，至高的就叫做天，至下的就叫做地，宇宙中的东、南、西、北、上、下的边界就叫做极。

原文：涂之人百姓，积善而全尽，谓之圣人。彼求之而后得，为之而后成，积之而后高，尽之而后圣。（战国·荀况《荀子·儒效》）

句解：普通百姓，积累善行到尽善尽美的境界，就叫做圣人。他是先不懈追求之后才得到，努力实行之后才成功，逐渐积累而后才高大，尽善尽美之后才成为圣人。

原文：圣人也者，人之所积也。（战国·荀况《荀子·儒效》）

句解：所谓圣人，就是人长期积累的结果。

原文：志忍私，然后能公；行忍情性，然后能修；知而好问，然后能才。（战国·荀况《荀子·儒效》）

句解：意志克制了私欲，然后才能公正；行动克制了感情，然后才有品德；聪明而又好学，然后才有能力。

原文：君子贫穷而志广，富贵而体恭；安燕而血气不惰，劳倦而容貌不枯；怒不过夺，喜不过予。（战国·荀况《荀子·修身》）

句解：君子虽然贫穷却志向远大，虽然富贵却体貌恭敬；虽然安逸却血气不怠，虽然疲倦却精神矍铄；愤怒时不过分惩罚，高兴时不过度奖赏。

原文：君子易知而难狎，易惧而难胁，畏患而不避义死，欲利而不为

所非，交亲而不比，言辩而不辞。荡荡乎其有殊于世也。（战国·荀况《荀子·不苟》）

句解：君子容易亲近却难以亲昵，容易恐惧却难以要挟，畏惧祸患却不逃避为正义赴死，想获得利益却不违背道德，与人相交关系密切却不勾结，能言善辩却不追求辞藻，心胸之广阔，与世人远远不同。

原文：涂之人可以为禹。（战国·荀况《荀子·性恶》）

句解：普通百姓可以成为大禹那样的伟人。

原文：岁不寒无以知松柏，事不难无以知君子。（战国·荀况《荀子·大略》）

句解：天气不寒冷，不能了解松柏的坚韧；事情不艰难，无法认识君子的品德。

原文：人莫贵乎生，莫乐乎安。所以养生安乐者，莫大乎礼义。人知贵生乐安而弃礼义，辟之是犹欲寿而刎颈也，愚莫大焉。（战国·荀况《荀子·强国》）.

句解：人最可珍贵的是生命，最值得欣慰的是安定。用以保养生命和安守欢乐的方法，没有比遵循礼义更重要的了。人们知道珍视生命、乐于安定却抛弃礼义，就如同是希望长寿又自割颈项，愚蠢至极。

原文：积微，月不胜日，时不胜月，岁不胜时。凡人好傲慢小事，大事至然后兴之务之。如是，则常不胜夫敦比于小事者矣。（战国·荀况《荀子·强国》）

句解：积累微小的事物，每月不如每天，每季不如每月，每年不如每季。普通人容易轻视小事，等到大事来临再去做。如此，就常常不能超过努力做小事的人。

原文：天不为人之恶寒也辍冬，地不为人之恶辽远也辍广，君子不为小人之匈匈也辍行。（战国·荀况《荀子·天论》）

句解：上天不因人们厌恶严寒就停止冬天，大地不因人们厌恶遥远就停止广阔，君子不因小人吵嚷就停止行动。

原文：心意修，德行厚，知虑明，生于今而志乎古，则是其在我者

也。（战国·荀况《荀子·天论》）

句解：心意端正，品行深厚，思虑精明，生于当今而志向同于古代圣贤，所有这些都在于自身的努力。

原文：石可破也，而不可夺坚；丹可磨也，而不可夺赤。（秦·吕不韦《吕氏春秋·季冬纪·诚廉》）

句解：石头可以破碎，但不能改变它内在的坚硬；殊砂可以磨细，但不能改变它固有的红色。

原文：命也者，不知所以然而然者也，人事智巧以举错者，不得与焉。故命也者，就之未得，去之未失。国士知其若此也，故以义为之决而安处之。（秦·吕不韦《吕氏春秋·恃君览·知分》）

句解：命运，不知道为什么如此而已经如此，人以智慧和技巧做事，而不能影响它。因此对于命运来说靠近它不一定能得到，离开它不一定会失去。才能出众的人知道命运如此，所以以道义决定行动，而平安地生存于世上。

原文：夫事有易成者，名小；难成者，功大。君子修美，虽未有利，福将在后至。（汉·刘安《淮南子·修务训》）

句解：事业有容易取得成功的，名声小；而难于成功的，则功绩大。君子品德高尚、行为端正，虽然眼前没有利益，幸福也将会在以后到来。

原文：天下通道五，所以行之一，曰勉。（汉·扬雄《法言·孝至》）

句解：天下通行的原则有仁、义、礼、智、信五种，实行这五种原则的方法是相同的，就是勤勉努力。

原文：好大而不为大，不大矣；好高而不为高，不高矣。（汉·扬雄《法言·修身》）

句解：喜好大而不向大努力追求，就不能成为大了；喜好高而不向高努力追求，就不能成为高了。

原文：君子之言，寡而实，小人之言，多而虚。（汉·刘向《说苑·说丛》）

句解：品德高尚的人言辞少而真实，品德低劣的人话语多而虚假。

原文：见殃而能为善，则祸不至。（汉·刘向《说苑》）

句解：看见别人遭殃，自己能从中吸取教训，行善积德，那么祸患就不会到来了。

原文：交不信，非吾友也。（汉·刘向《说苑·说丛》）

句解：交友而不讲信用，那就不是我的朋友。

原文：今此子事吾三年，未尝弼吾过，是以逐之也。（汉·刘向《说苑·臣术》）

句解：现在这个人侍奉我已有三年了，从来没有说过我的过错，因此就把他辞退了。

原文：亲贤学问，所以长德也。（汉·刘向《说苑·建本》）

句解：亲近贤德的人并向他请教，就会使自己的道德有所提高。

原文：为者常成，行者常至。（汉·刘向《说苑·说丛》）

句解：不断尝试的人往往获得成功，不断前行的人最终会到达目的地。

原文：士不素养，不可以重国。（东汉·班固《汉书·李寻传》）

句解：士人不时时提高自身的素养，任职后就不能为国立功。

原文：居累卵之危而图泰山之安。（南朝·宋·范晔《后汉书·王符传》）

句解：处于极其危险的境地之中，而期望如泰山一般安稳。

原文：不求苟得，常有凌云之志。（南朝·宋·范晔《后汉书·冯衍传下》）

句解：不希求小小的利益，心中怀有远大的志向。

原文：铁中铮铮，庸中佼佼。（南朝·宋·范晔《后汉书·刘盆子传》）

句解：在面临事物时，有铮铮铁骨，在人群中出类拔萃。比喻在同辈之中比较优异的人。

原文：有志者事竟成。（南朝·宋·范晔《后汉书·耿弇传》）

句解：有坚定志向的人事业一定会成功。

原文：丈夫为志，穷当益坚，老当益壮。（南朝·宋·范晔《后汉书·马援传》）

句解：英雄豪杰确立志向，身处逆境时要更加坚强，年纪老迈时要更加豪迈。

原文：大丈夫当雄飞，安能雌伏？（南朝·宋·范晔《后汉书·赵典列传》）

句解：英雄豪杰要像雄鸟一样展翅飞翔，怎么能像雌鸟一样伏在那里？

原文：得失一朝，而荣辱千载。（南朝·宋·范晔《后汉书·荀悦列传》）

句解：得与失只是暂时的，而荣和辱则长久不灭。

原文：动摇则骨气得消，血脉流通，病不得生。（晋·陈寿《三国志·魏书·吴普传》）

句解：人经常活动，能舒筋活血，使疾病不能发生。

原文：人或毁已，当退而求之于身。（晋·陈寿《三国志·魏书·王昶传》）

句解：如果有人诋毁自己，就应当检讨反省自身的行为。

原文：不可自暴自弃自屈。（南宋·陆九渊《陆九渊集·语录》）

句解：人不能自暴自弃、自甘堕落。

原文：君子遇穷困，则德益进，道益通。（南宋·陆九渊《陆九渊集·语录》）

句解：品德高尚的人经过艰难困苦的考验，就会提高自己的道德修养，前程就会更加远大。

原文：士之有志，犹农之有力也。农以力为贤，力即不勤，而非无其力；士以志为尚，志即不果，而非无其志。（清·王夫之《宋论·卷一·太祖》）

句解：士大夫心有志向，犹如农夫身有力气。农夫以力气为最重要的，如果有力气却不勤劳，还不如没有力气；士大夫以志向为最重要的，如果有志向却不行动，还不如没有志向。

原文：志于有为者，败固其所不讳也。（清·王夫之《宋论·卷二·太宗》）

句解：对于有志向的人来说，失败本来就不是他所忌讳的。

原文：人之可信者，不贪不可居之名；言之可信者，不传不可为之事。（清·王夫之《宋论·卷二·太宗》）

句解：那些拥有诚信的人，不贪求不可承担的名誉；那些说话谨慎的人，不传播自己不能履行的事情。

原文：淡然无欲者，非无欲也；欲止于其所欲，而不以流俗之欲为欲也。（清·王夫之《宋论·卷二·太宗》）

句解：淡泊寡欲的人，并不是没有欲望；他们的欲望限制于其所需要的，而不以世俗的欲望为自己的欲望。

原文：数无终穷，运不长厄。士君子能旋转乾坤，则否泰为我转轴。何必青牛道士，延将尽之命；白鹿真人，生已枯之骨耶！（明·吴从先《小窗自纪》）

句解：人的命运不会永远困顿，人的运气也不会长期不济。士君子只要发奋努力就能扭转乾坤，顺逆福祸都由自己主宰。何必拜佛拜道，延续即将逝去的生命；何必祈求白鹿真人，复活已经枯槁的尸骨。

原文：人定胜天，志一动气，则命与数为无权。（明·陈继儒《安得长者言》）

句解：人力一定能够战胜自然，人的意志一旦焕发出伟大的力量，那么天命就不能左右人类。

原文：怀永图者缓急效，负远略者遏浮言。（明·薛应旗《薛方山纪述》）

句解：胸怀大志的人，决不追求眼前的利益；深谋远虑的人，决不听信别人的谣言。

原文：天行健，斯悬日月而不坠；地行顺，斯振河海而不泄；人行诚，斯备万物而不遗。（明·薛应旗《薛方山纪述》）

句解：天道生生不息、昼夜更迭，所以日月高悬而不坠于地；大地繁衍生息、卑下顺畅，所以江海奔流而不泛溢；人心诚实淳朴，所以万物皆在人心中体现而没有遗漏。

原文：图功未晚，亡羊尚可补牢。虚慕无成，羡鱼何如结网。（清·王永斌《围炉夜话·卷二》）

句解：要想追求成功，有所作为，任何时候都不晚，就像羊跑掉了，只要及时修补羊圈也不算迟。羡慕别人不可能有所成就，好比临渊羡鱼，不如退而结网。

原文：贫无可奈，惟求俭。拙亦何妨，只要勤。（清·王永斌《围炉夜话·卷一》）

句解：贫穷无法摆脱时，只需力求节俭，便可以摆脱。笨拙不算什么，只要付出勤奋和努力，就能进步。

原文：志之所趋，无远勿届；穷山距海，不能限也。志之所向，无坚不入；锐兵精甲，不能御也。（清·金缨《格言联璧·学问类》）

句解：志向坚定，就没有不能到达之地，即使高山大海，也不能阻拦。志向不移，就没有攻不破的壁垒，即使强大的军队，也无法阻挡。

原文：昏久则昭明。（东汉·魏伯阳《易经参同契》）

句解：黑暗时间长久光明便会到来。

原文：赏不劝谓之止善，罚不惩谓之纵恶。（唐·魏征《群书治要·申鉴》）

句解：该赏赐的不赏赐，就叫作阻拦善行；该惩罚的不惩罚，就叫作纵容恶行。

原文：将有作，则思知止以安人。（唐·魏征《谏太宗十思疏》）

句解：将要兴建大型工程之前，必须思考适可而止，以安定百姓。

原文：去敌气与矜色兮，噤危言以端诚。（唐·刘禹锡《问大钧赋并序》）

句解：对人不要怒气冲冲，不要骄傲自满，也不要说出让人害怕的话，好好地培养自己正直、真诚的品格。

原文：外视者蔽，内视者明。（宋·崔敦礼《刍言·卷下》）

句解：只看别人的缺点，就看不清自己的短处，常常反省自己，才能对自己了如指掌。

原文：一日之苟安，数百年之大患也。（南宋·陈亮《上孝宗皇帝第一书》）

句解：如果一天苟且偷安，那就是几百年的大祸患。

原文：为善易，避为善之名难；不犯人易，犯而不校难。（宋·林逋《省心录》）

句解：做善事容易，做了善事却不自我炫耀却很难；不侵犯别人容易，被别人侵犯而不计较却很难。

原文：仁者之勇，雷霆不移。（宋·苏轼《祭堂兄子正文》）

句解：仁者的英勇气概，即使雷霆万钧也不能改变。

原文：卒然临之而不惊，无故加之而不怒。（宋·苏轼《留侯论》）

句解：灾祸突然降临而不惊慌，羞辱无故加身却不恼怒。

原文：大勇若怯，大智若愚。（苏轼《贺欧阳少师致仕启》）

句解：异常勇猛的人看起来仿佛胆怯，有大智慧的人看起来似乎愚蠢。

原文：蹉跎莫遣韶光老。（宋·朱熹《四时读书乐》）

句解：不要虚度光阴，让美好的时光白白浪费过去。

原文：大丈夫以断为先。宋·林逋（《省心录》）

句解：英雄豪杰以果断为最上等的品质。

原文：有所不为，为无不果；有所不学，学无不成。（宋·王安石《祭沈文通文》）

句解：有不必去做的事，一旦去做就一定要有结果；有不必去学的知识，只要去学就一定要有成效。

原文：地有远行，无有不至，不至焉者，不行也，非远罪也。（宋·文天祥《题戴行可进学斋》）

句解：尽管路途遥远，但只要不断前进，没会不能到达的地方，之所以有人不能到达目的地，是因为不能坚持走下去，并不是路途遥远的原因。

原文：少不勤苦，老必艰辛。（宋·林逋《省心录》）

句解：年轻时不勤奋学习和劳作，年老时必然要备受艰辛。

原文：不是一番寒彻骨，怎得梅花扑鼻香。（明·冯梦龙《醒世恒言·张淑儿巧智脱杨生》）

句解：不经过一番彻骨的严寒，怎能得到梅花的扑鼻香气。

原文：为之须恒，不恒则不成。（清·冯班《钝吟杂录·将死之鸣》）

句解：做事必须持之以恒，不能持之以恒就不会取得成功。

原文：不奋苦而求速效，只落得少日浮夸，老来窘隘而已。（清·郑板桥《题画》）

句解：不艰苦奋斗而急于求成，只落得少年时代轻浮虚夸，年老之时穷困窘迫罢了。

图书在版编目（CIP）数据

人生句典：青少年必读的人生指南/张铁成编著. —北京：新世界出版社，2011.1

ISBN 978-7-5104-1508-1

Ⅰ.①人… Ⅱ.①张… Ⅲ.①人生哲学—青少年读物 Ⅳ.①B821-49

中国版本图书馆 CIP 数据核字（2010）第 239495 号

人生句典——青少年必读的人生指南

作　　者：张铁成
责任编辑：梁小玲
责任印制：李一鸣　黄厚清
出版发行：新世界出版社
社　　址：北京西城区百万庄大街 24 号（100037）
发 行 部：（010）6899 5968（010）6899 8733（传真）
总 编 室：（010）6899 5424（010）6832 6679（传真）
http：//www.nwp.cn
http：//www.newworld-press.com
版权部：+8610 6899 6306
版权部电子信箱：frank@nwp.com.cn
印刷：九洲财鑫印刷有限公司
经销：新华书店
开本：787×1092　1/16
字数：229 千字　印张：16
版次：2011 年 1 月第 1 版　2011 年 1 月第 1 次印刷
书号：ISBN 978-7-5104-1508-1
定价：36.00 元